Degener MoreOFFICE®
Heinz Hütter

Zeit-
management

Zeitfresser erkennen
Planungsinstrumente
erfolgreich anwenden

POCKET BUSINESS

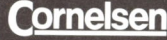

Verlagsredaktion: Erich Schmidt-Dransfeld
Technische Umsetzung: Holger Stoldt, Düsseldorf
Umschlaggestaltung: Ellen Meister, Berlin
Titelfoto: ©Jaume Gual/Mauritius

Informationen über Cornelsen Fachbücher und Zusatzangebote:
www.cornelsen.de/berufskompetenz

3. Auflage

© 2008 Cornelsen Verlag Scriptor GmbH & Co. KG, Berlin

Das Werk und seine Teile sind urheberrechtlich geschützt.
Jede Nutzung in anderen als den gesetzlich zugelassenen Fällen
bedarf der vorherigen schriftlichen Einwilligung des Verlages.
Hinweis zu § 52 a UrhG: Weder das Werk noch seine Teile dürfen
ohne eine solche Einwilligung eingescannt und in ein Netzwerk
eingestellt werden. Dies gilt auch für Intranets von Schulen und
sonstigen Bildungseinrichtungen.

Druck: Druckhaus Berlin-Mitte

ISBN 978-3-589-23423-3

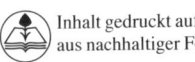 Inhalt gedruckt auf säurefreiem Papier aus nachhaltiger Forstwirtschaft.

Inhaltsverzeichnis

Einleitung 7

1   **Der erste Schritt** 9

2   **Selbstmanagement –
    unverzichtbare Basis** 10
    - Fragestellungen modernen
      Selbstmanagements 10
    - Ein Orientierungsrahmen für
      Selbstmanagement 11
    - Zeitmanagement ist Selbstmanagement
      im Alltag 15
    - Die Werkzeuge des Zeitmanagements 15
    - Funktionen von Zeitmanagement 16
    - Fragen zum Nachdenken über Ihr
      Zeitmanagement 17

    Auf den Punkt gebracht *18*

3   **Analysieren Sie Ihr
    Zeitmanagement** 19
    - Welche Rahmenbedingungen beeinflussen
      mein Zeitmanagement? 20
    - Protokoll – Mein typischer Arbeitstag 22
    - Tun Sie das Richtige – tun Sie etwas richtig . 26
    - Was machen Sie eigentlich den Tag über? . . 30

- Zeitfallen – Die Tücken des Objekts 32
- Verpflichtungen, Zeitdiebe und das Nicht-Nein-Sagen 34
- Delegieren, standardisieren, rationalisieren . 37
- Leiden Sie an Aufschiebertis, Unter- oder Abbrecheritis? 39
- Sind Sie von Perfektionismus befallen? 43
- Sind Sie stressgeplagt? 45

Magazinseite:
Das Phänomen Stress 46

- Machen Sie auch mal Pausen? 52

4 Zeitmanagement mit der inneren Uhr 53

5 Arbeiten mit einer zyklischen Arbeitsmethode 58

- Halbe Problemlösungen 58
- Angst vor Planung? 60
- Die zyklische Arbeitsmethode: Der Lösungskreis..................... 61
- Manchmal müssen wir Umwege gehen 62
- Die einzelnen Schritte des Lösungskreises.. 63

Magazinseite:
Der Lösungskreis – zyklische Arbeitsmethode............. 64

- In welchen Situationen können wir mit dem Lösungskreis arbeiten?.................. 66

6 Zeitmanagement der „vierten Generation" 68

- Die „vierte Generation" – Zeitmanagement vom Kopf auf die Füße gestellt 71
- Das verdrehte Eisenhower-Quadrat 71
- Für welchen Quadranten arbeiten Sie bevorzugt? 73
- Zeitmanager der „vierten Generation" werden 74

Auf den Punkt gebracht 77

7 Ziele 78

- Zielvorstellungen und Typen von Zielen 78
- Zielformulierung – Was echte Ziele ausmacht 80
- Ziele einordnen – Zielkonflikte, Zielhierarchien 82
- Zielrealisierung – Ziele in Maßnahmen umsetzen 87
- Der Abschluss – Zielkontrolle, Feed-back und Erfolge feiern 89

8 Praxis der Zeitplanung 91

- Jederzeit raschen Überblick gewinnen können 92
- Zeitplanung mit selbstverständlichem Zeitrhythmus 93
- Arbeiten mit dem Tages- oder Wochenkalender? 96
- Informationseingang, -selektion und -bewertung 97

- Flexibilität durch Pufferzeiten als zentrales Prinzip 104
- Weitere Einzelheiten zur Handhabung von Aufgabenliste und Kalender 106
- Neue Aufgaben richtig einschätzen 108
- Chaotische Tage organisieren 111

Auf den Punkt gebracht 114

9 Zeitplanbuch oder PC-Programm bzw. Organizer? . . . 115

- Was müssen multifunktionale Systeme leisten? 117
- Lässt sich „doppelte Buchführung" vermeiden? 117
- Zeitplanbücher. 119
- PC- und Notebook-Systeme 122
- Elektronische Organizer, PDAs und Smartphones.. 125
- Sie brauchen ein neues System? 127

10 Mind-Mapping 128

Literatur und Medienempfehlungen. 132
Stichwortverzeichnis 133

Einleitung

Um welche Fragen es in diesem Buch geht

Sie haben dieses Buch wahrscheinlich zur Hand genommen, weil Sie Probleme mit Ihrem Zeitmanagement erkennen. Sie fragen sich: „Wie kann ich mit meiner Arbeitszeit besser klarkommen?", „Kann ich den Stress, den ich tagtäglich erlebe, in den Griff bekommen?" oder „Wie muss ich vorgehen, um meine vielen Aufgaben rechtzeitig und perfekt zu erledigen?"

Möglicherweise schwirren Ihnen Vorstellungen von anderen Menschen durch den Kopf, die anscheinend ihre Zeit prima im Griff haben. Sie erinnern sich an viele Tipps und Tricks, die anscheinend nur bei Ihnen nicht funktionieren. Doch steckt nicht hinter der Vorstellung von disziplinierterem Arbeiten, von mehr Selbstkontrolle am Ende auch mehr Stress?

Nun, manchmal ist ganz einfach die Fragestellung falsch. Sie selbst ist das Problem. Was bedeutet „perfekt erledigen"? Was meint „in den Griff bekommen"? Wären die beiden Fragen „Wie muss ich vorgehen, um meine vielen Aufgaben optimal zu erledigen?" und „Wie kann ich gelassener mit äußerem Stress umgehen?" nicht sinnvoller?

Doch vielleicht haben Sie bereits Ziele wie: „Ich nutze meine Arbeitszeit effektiv. Alle meine wichtigen Aufgaben löse ich optimal und immer rechtzeitig." Nicht schlecht! Ziele sind ein wesentlicher Bestandteil erfolgreichen Zeitmanagements.

Lassen Sie uns noch einen Schritt weiter gehen. Blicken wir einmal über Probleme und Ziele hinaus: Wie könnte die Lösung Ihrer Zeitmanagementprobleme aussehen?

Vielleicht so: „Ich habe gelernt, all die Dinge, die täglich auf mich einströmen, zu sortieren und zu gewichten. Ich frage mich, was sie für meine Rolle im Beruf (oder im Haushalt), für meinen Erfolg, für meine Zufriedenheit und vielleicht sogar für mein Glück bedeuten. Die wichtigen Aufgaben gehe ich frühzeitig und mit großer Zuversicht an. Stress gibt es zwar ab und zu. Doch er belastet mich nicht mehr – ich erlebe ihn als Herausforderung. Jetzt arbeite ich gelassen und trotzdem konsequent an meinen Zielen und Aufgaben. Die weniger wichtigen Dinge erledige ich wie im Vorbeigehen. Mein Zeitmanagement gibt mir die notwendigen Werkzeuge dazu."

Könnte so oder ähnlich eine Lösung Ihrer Zeitprobleme ausschauen? Der Wunsch nach Erfolg, beruflich wie privat, Zufriedenheit mit der Gestaltung des eigenen Lebens und gelegentlich etwas Glück erfahren, ist doch bei den meisten von uns vorhanden. In diesem Rahmen soll dieser Band Pocket Business zu Zeitmanagement stehen.

Zeitmanagement liefert uns die Werkzeuge dafür, was wir heute als Selbstmanagement bezeichnet. Obwohl es um mehr geht als nur um das Managen.

Zur Einstimmung

Wenn wir uns auf ein Thema konzentrieren, das persönliche Denkgewohnheiten und Verhaltensweisen berührt, dann sind wir ganz im Thema. Wir sehen, hören und spüren dabei all die Dinge, die so nicht sein sollten, und den Aufwand, der auf uns zukommt, um etwas zu ändern.

Wenn wir jetzt aber neue Wege finden und ausprobieren wollen, brauchen wir Distanz und sollten über den Dingen stehen. Dabei hilft ein guter Schuss Humor. In diesem Sinne sind dem ersten Kapitel einige „schwarze" Sprüche und Zitate zum Thema „Arbeiten und Zeit" vorangestellt:

- Wer selbst arbeitet, verliert die Übersicht. (Kroatisches Sprichwort)
- Unsere Zeit wird uns teils geraubt, teils abgeluchst, und was übrig bleibt, verliert sich unbemerkt. (Seneca d.J.)
- Zeitnot ist eine Überfunktion der Managerdrüse. (Mérleg Jennö)
- Als Gott die Welt erschuf, gab er den Europäern die Uhr und den Afrikanern die Zeit. (Robbi Kastner)
- Halte dir jeden Tag dreißig Minuten für deine Sorgen frei, und in dieser Zeit mache ein Nickerchen. (Abraham Lincoln)
- Gestern ist vorbei, morgen sorgt Gott, heute lebe. (Inge Meysel)

1 Der erste Schritt

Wie Sie mit diesem Buch arbeiten können

Jede Leserin, jeder Leser hat andere Gewohnheiten, sich das Wichtige aus einem Ratgeber herauszuziehen. Sie können ihn lesen, zur Seite legen und nach einiger Zeit feststellen, dass Sie sich unbewusst bereits manches angeeignet haben. Sie können nach der Lektüre mit der Umsetzung der besten Ideen und Empfehlungen beginnen. Oder Sie wollen nur einiges herauspicken, um Ihr Zeitmanagement in einigen Punkten zu verbessern.
Das Buch ist so angelegt, dass Sie es auf unterschiedliche Arten lesen und nutzen können. Auf jeden Fall sollten Sie „aktiv" lesen. Streichen Sie Wichtiges an, notieren Sie Ihre Eindrücke und Ideen. Das ist ein erster Tipp zum Zeitmanagement!

Machen Sie einen ersten Schritt sofort!

Beginnen Sie gleich mit der Verbesserung Ihres Zeitmanagements. Der optimale Nutzen entfaltet sich dann, wenn Sie parallel zur Lektüre mindestens eine der folgenden Methoden einsetzen. Je nachdem, was Ihnen persönlich am besten liegt, können Sie

- ein Zeittagebuch führen (für Selbsterfahrungsorientierte)
- von den „Fragen zum Nachdenken über Zeitmanagement" ausgehen (S. 17, für wertorientierte Denker)
- Ihre Lebensrollen mit Rechten und Pflichten definieren (Kap. 2, für Verantwortungsbewusste)
- Ihre Ziele zum Zeitmanagement formulieren (Kap. 7, für Zukunftsorientierte)
- eine To-do-Liste Ihrer Ansatzpunkte erstellen (für nüchterne Praktiker)
- das Zeitverwendungsprotokoll ausfüllen und auswerten (S. 24-25, für Selbstkritisch-Pragmatische)
- Ihre Anliegen und Ideen in eine Mind-Map zeichnen (Kap. 10, für kreative Rechtshirnis)

Sammeln Sie dazu Ideen und Lösungsansätze. Wie Sie diese dann umsetzen können, erfahren Sie bei der Lektüre.
Dabei wünsche ich Ihnen viel Erfolg!

2 Selbstmanagement – unverzichtbare Basis

Zeitmanagement ist ein Teil des Selbstmanagements

Zeitmanagement ist Teil des aktiven Einsatzes all unserer Fähigkeiten zur Gestaltung des eigenen Lebens. Das Wort „Gestalten" klingt nach Chancen und Möglichkeiten haben, nach freier Entscheidung – Zeitmanagement klingt eher nach Verwalten und (Selbst-)Kontrolle. Ist das nicht ein Gegensatz? Keineswegs – wenn es gelingt, unsere Zeitverwendung als ein aktives Gestalten unseres Lebens zu begreifen, dann wird Zeitmanagement zu einem durchaus kreativen Akt. Ich werde im Folgenden versuchen, einen geeigneten Rahmen für Zeitmanagement innerhalb des Selbstmanagements zu entwerfen.

2.1 Fragestellungen modernen Selbstmanagements

Wir „modernen" Menschen sind hin- und hergerissen zwischen verschiedenen Orientierungspunkten unseres Berufs- und Privatlebens. Ziele, Vorstellungen und Wünsche, aber auch Probleme sind solche Orientierungspunkte. Doch diese Punkte verändern sich selbst, bleiben nicht als Fixsterne unseres Lebens stehen. Wie schnell kann das Ziel der beruflichen Karriere durch überraschende Änderungen in der Unternehmenspolitik des Arbeitgebers verschwimmen. Wie leicht kann das Ziel privaten Glücks durch etwas Unvorhergesehenes, zum Beispiel eine Trennung vom Partner, zerbröseln?

Stabile Orientierungsrahmen gibt es in unserem modernen Leben immer seltener. Wechsel und Stress sind an der Tagesordnung. Ständig muss der heutige Mensch versuchen, Sicherheit und Klarheit für sein eigenes Handeln zu erzeugen, auch wenn beides im nächsten Moment wieder über den Haufen geworfen werden kann. Zu Beginn des 21. Jahrhunderts verschärfen sich diese Orientierungsprobleme rasant. Bei all dieser Dynamik der wirtschaftlichen und gesellschaftlichen Entwicklung soll uns Selbst- und Zeitmanagement helfen, in unserem persönlichen Rahmen die Dinge auf die Reihe zu bekommen.

Dabei kann uns eine Leitfrage, die ich auf der interessanten Webseite www.zeitzuleben.de entdeckte, weiterhelfen: Was kann ich dafür tun, um glücklich und zufrieden zu sein, meine Ziele und Visionen möglichst einfach und ohne auszubrennen zu erreichen und auf dem Weg dahin Freude und Befriedigung zu erleben?

2.2 Ein Orientierungsrahmen für Selbstmanagement

Wagen wir uns an die eigentlich unmögliche Aufgabe, das Management des eigenen Selbst in einem Diagramm darzustellen. Auf der folgenden Seite finden Sie eine Abbildung zu unseren typischen Lebensrollen mit zwei Dimensionen des Selbstmanagements. Lassen Sie zunächst noch die darin eingetragenen Fragestellungen außer Acht und vollziehen Sie das Modell als solches nach. Das Diagramm zeigt

1. den Kreis der verschiedenen Lebensrollen,
2. eine Dimension des Zeitverlaufs,
3. eine Dimension der Zeitwahrnehmung und
4. das Jetzt – den Punkt des Entscheidens und Handelns.

1. Der Kreis der Lebensrollen ist eine Umschreibung der unterschiedlichen Rollen, die wir mit verschiedenen Personen und Institutionen in unserem Leben einnehmen. In jeder Rolle wollen wir Ziele erreichen, genießen wir Rechte, tragen wir aber auch Verantwortung und haben Pflichten zu erfüllen.

Jede Rolle beinhaltet Beziehungen zu anderen Menschen, gibt uns in irgendeiner Weise Einfluss auf diese und auf soziale Systeme.

Ein Beispiel:

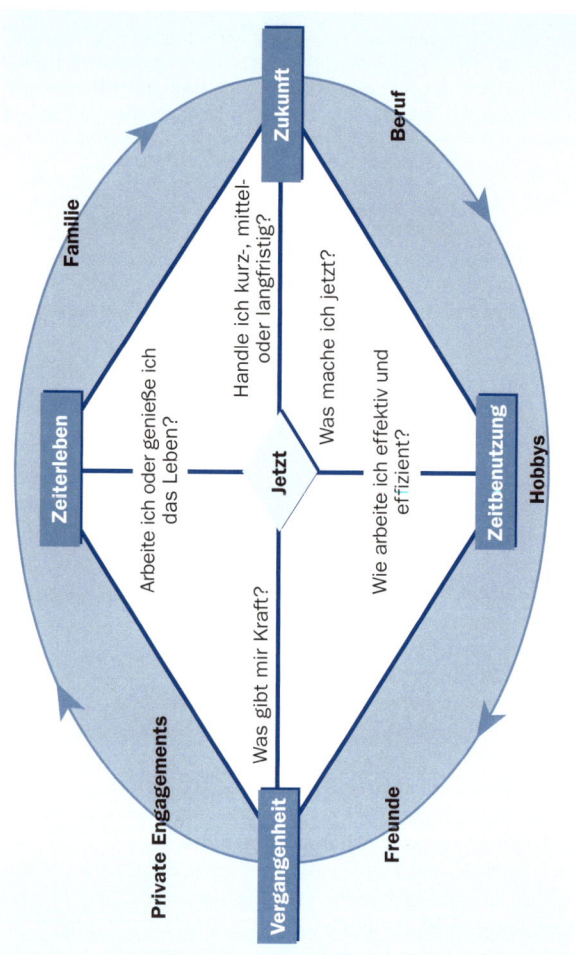

a) Lebensrollen und b) Fragestellungen und in den zwei Dimensionen des Selbstmanagements

Frau Planemann ist Chefbuchhalterin eines mittleren Unternehmens. Gleichzeitig ist sie Ehefrau und Mutter zweier schulpflichtiger Kinder. Ihr Mann ist im selben Unternehmen als Abteilungsleiter tätig. Frau Planemann ist in einigen Vereinen engagiert. Kurz: Frau Planemann besitzt eine Reihe von Rollen in ihrem Leben, die ihr Unterschiedliches abverlangen und geben. Häufig erfordern sie zur selben Zeit den Einsatz von Frau Planemann. Verschiedene Rollen geraten in Kollision miteinander. Manchmal leidet Frau Planemann unter dieser Mehrfachbeanspruchung. Sie fragt sich, ob sie die Rollenbündel Beruf, Privatleben und sonstige Engagements vereinbaren kann, ob nicht eines zu sehr unter einem anderen leidet.

Wir alle haben ein fundamentales Problem: die unterschiedlichen Erwartungen unserer verschiedenen Rollen im Leben unter einen Hut zu bekommen. Zumal sich jede Rolle wiederum aus einem Bündel verschiedener Teilrollen zusammensetzt!
Frau Planemann ist als Chefbuchhalterin verantwortlich für die Ergebnisse der Buchhaltungsabteilung, sie führt ihre Mitarbeiter und motiviert sie, wenn sie Durchhänger oder Probleme haben, und sie arbeitet in einer Projektgruppe, die mit der Einführung neuer Unternehmenssoftware betraut ist.

> Verschaffen Sie sich einen Überblick über Ihre Lebensrollen und die Erwartungen daran. Kollisionen entdecken und diese regulieren, ist eine zentrale Aufgabe des Zeitmanagements.

2. Die erste Dimension der Zeit, der Zeitverlauf, besitzt zwei Eckpunkte: unsere Vergangenheit (Herkunft und Entwicklung) und unsere Zukunft (Karriere und Lebensplanung).
Vor allem die Zukunft unterteilen wir nach unserem Erwartungshorizont in kurzfristig (jetzt bis in einigen Wochen), mittelfristig (einige Monate) und langfristig (mehrere Jahre). Hier begegnen wir einem zweiten Problem unseres Selbst- und Zeitmanagements: Wir haben oft gleichzeitig Dinge vor, die sich auf unterschiedliche Fristigkeiten beziehen. Was ist jetzt wichtiger – das kurzfristige Erledigen einer Aufgabe oder das langfristige Arbeiten an Zielen?

> Das Umschalten-Können zwischen diesen Zeitbezügen ist eine zweite Anforderung an Zeitmanagement.

3. Zeit erleben wir als ein Element, das seinen Aggregatzustand schlagartig wechseln kann. „Die schöne Zeit verging wie im Flug", können wir von einem tollen Urlaub berichten. „Die Zeit verging ätzend langsam", mag der Kommentar zu einer unersprießlichen Tagung lauten. Wir erfahren Zeit in sehr unterschiedlichem Tempo.

Damit wären wir bei der zweiten Dimension der Zeit, der Zeitwahrnehmung. Diese erscheint uns sehr unterschiedlich. Nicht nur, wenn das Schöne privater Urlaub und Unerquickliches beruflich veranlasst ist. Es könnte auch umgekehrt sein.

Vielmehr geht es darum, dass wir manchmal Zeit benutzen: zweckorientiert und instrumentell eine Anstrengung vollbringen, die Zähne zusammenbeißen, durchhalten – ein andermal Zeit erleben, scheinbar als Selbstzweck, wie beim Genießen einer lockeren Arbeitsatmosphäre, beim Feiern von Erfolgen oder einfach beim Loslassen.

Ich sage scheinbar, denn mittlerweile hat es sich herumgesprochen, dass diese erfreulichen Dinge des persönlichen Lebens wie des Unternehmensgeschehens positive Auswirkungen auf Gesundheit bzw. Betriebsklima besitzen. Somit haben wir ein drittes Problem bei der Entscheidung über unsere Zeitverwendung. Zugespitzt ist es die Frage: „Malochen oder Genießen?"

4. Schließlich der Punkt „Jetzt". Er bildet den Schnittpunkt der beiden Achsen der Zeit. Dies ist der Punkt, an dem wir fragen müssen: „Was tue ich jetzt? Woran orientiere ich mich dabei?" Dieser Punkt des Jetzt ist der, an dem praktisches Zeitmanagement im Rahmen eines ganzheitlichen Selbstmanagements einsetzt.

> Praktisches Zeitmanagement braucht die Entscheidung über die Rolle, in die wir als Nächstes schlüpfen, über den Zeithorizont und die Zeitverwendung und über die Dinge, denen wir uns als Nächstes zuwenden.

2.3 Zeitmanagement ist Selbstmanagement im Alltag

Zeitmanagement ist der pragmatische Aspekt des Selbstmanagements im Alltag. Es geht jeden Tag und in jedem Moment darum, etwas zu entscheiden, etwas zu tun – oder nicht zu tun. Jetzt ist irgendwie immer – so könnte man sagen.

Nun wären wir allerdings gänzlich überfordert, wollten wir tatsächlich jeden Moment etwas tun oder gleichzeitig fragen: „Was mache ich denn jetzt?" oder etwas genauer: „Was ist jetzt das Richtige, das ich machen sollte?"

> Sinnvoller ist es, uns die Frage „Was mache ich jetzt?" in definierten Situationen des Zeitplanens zu stellen: zu regelmäßigen Planungszeiten, in Pufferzeiten und Pausen, zu Projektbeginn oder wenn Unvorhergesehenes eintritt.

2.4 Die Werkzeuge des Zeitmanagements

Wenn wir im Alltag das gerade Richtige erkennen und dann durchführen wollen, dann können wir dabei die Werkzeuge des Zeitmanagements zu Hilfe nehmen. Dazu gehören allgemein

- Planungstechniken und Verfahren, die unserem Zeitmanagement eine Form geben, z.B. Zielplanung, Strukturieren eines Tageskalenders usw.,
- Regeln, wann und wie wir sinnvoll planen und entscheiden,
- Übungen, mit denen wir neue Verhaltensroutinen ausprobieren und erlernen, und
- Hilfsmittel wie Formulare, Checklisten, Zeitplanbuch, Organizer oder PC-Programm, die uns das Zeitmanagement etwas erleichtern.

Was wir außen vor lassen müssen, schon aufgrund des Taschenformats dieses Bandes, sind inhaltliche Fragen eines umfassenden Selbstmanagements, wie sie im vorherigen Abschnitt angerissen wurden. Diese werden im Band Selbstmanagement vertieft.

2.5 Funktionen von Zeitmanagement

Wir formulierten oben bereits die zentrale Fragestellung des Selbstmanagements:

Was kann ich dafür tun, um glücklich und zufrieden zu sein, meine Ziele und Visionen möglichst einfach und ohne auszubrennen zu erreichen, und auf dem Weg dahin Freude und Befriedigung zu erleben?

Auch wenn wir uns diese fundamentale Frage im Rahmen des alltäglichen Zeitmanagements nicht ständig stellen können, finden wir darin im Kern einige der wichtigsten allgemeinen Funktionen praktischen Zeitmanagements vorgegeben:

1. Die Ausrichtung des Handelns auf unsere Ziele – zukunftsbezogen im Sinne unserer Lebensgestaltung (Erfolg, Glück, Zufriedenheit) arbeiten,
2. proaktives Handeln – vorausschauend jetzt das Richtige tun,
3. optimaler Ressourcen- und Energieeinsatz – unsere Kraft und Fähigkeiten richtig einsetzen und weiterentwickeln,
4. Stressbewältigung – negative Konsequenzen für unser leistungsmäßiges, emotionales und gesundheitliches Befinden verhindern.

Dazu kommt eine fünfte Funktion von Zeitmanagement. Nicht immer haben wir mit Dingen zu tun, die für uns unmittelbar Sinn machen, sondern „durch die wir einfach durchmüssen":

5. Balance im Alltag – mit der vorhandenen Arbeitszeit die Alltagsaufgaben besser bewältigen und dabei im Lot bleiben.

Diese letzte Funktion – die Balance im Alltag – schafft die Basis, auf der alle anderen aufbauen können.

Durch den Einsatz einer Vielzahl von Werkzeugen im Alltag können folgende Effekte erfolgreichen Zeitmanagements ausgelöst werden:

- Unser Denken wird ergebnisorientiert.
- Wir erledigen Aufgaben entsprechend ihrer Bedeutung mit angemessenem Aufwand an Zeit.

- Unsere Strukturen und Abläufe werden straffer.
- Die Qualität unserer Problemlösungen wird besser.
- Unsere persönlichen Ressourcen werden richtig eingesetzt, gleichzeitig geschont und weiterentwickelt.
- Wir gewinnen frei verfügbare Zeit.
- Last but not least – unser Leben und Arbeiten wird ausgeglichener.

Noch ein Wort zum „Zeit gewinnen". Manche Menschen, die sich für Zeitmanagement interessieren, sehen nur den Aspekt des Zeitgewinns. Haben sie nicht eine tickende Uhr im Kopf und vergessen, dass Geschwindigkeit allein häufig zulasten der Qualität geht und mehr Stress mit sich bringt?

So paradox er klingen mag – der Satz des alten Laotse stimmt seit zweieinhalbtausend Jahren: *Wenn du es eilig hast, dann gehe langsam.*

2.6 Fragen zum Nachdenken über Ihr Zeitmanagement

Zur Einstimmung und zur Orientierung schlage ich Ihnen vor, jetzt einige Fragen über Ihre Einstellung zu Zeitmanagement zu beantworten.

1. Ich glaube, dass Zeitplanung
   viel / einiges / wenig verbessern
   kann.
2. Zeitplanung bedeutet für mich … ?
4. Meine Zeitplanung könnte besser sein, wenn … ?
5. Wer oder was ist schuld daran, dass ich Zeitprobleme habe … ?
6. Was könnte ich dafür tun, dass ich mit meiner Zeitplanung völlig zufrieden bin?
7. Und was hindert mich daran … ?

Vielleicht haben Sie durch die bisherige Lektüre bereits einige neue Einsichten gewonnen.

Auf den Punkt gebracht:

- „Gegenüber der Fähigkeit, die Arbeit des Tages sinnvoll zu ordnen, ist alles im Leben ein Kinderspiel." Dieser Ausspruch stammt von Johann Wolfgang von Goethe. Das war kein Dummer, so möchte man meinen.
- Und trotzdem wird uns Zeitmanagement oft als etwas sehr Einfaches und garantiert Erfolgversprechendes verkauft, wenn man nur einige Regeln befolgt. Doch viele der Regeln, die Sie schon oft gehört haben, gelten nur in bestimmten Situationen.
- Zeitmanagement ist Selbstmanagement im Alltag. Ein guter Teil der Aufgaben des Alltags leitet sich her aus unseren Zielen, die wir in verschiedenen Lebensrollen und innerhalb einzelner Rollen entwickelt haben. Dies sind die wirklich wichtigen Aufgaben, die wir mithilfe von Zeitmanagement angehen wollen. Ein anderer Teil unserer Aufgaben ist nicht direkt auf unsere Ziele bezogen, sondern kommt aus dem Tagesgeschäft.
- Alle diese möglichen Aufgaben konkurrieren darum, erledigt zu werden. Im Zeitpunkt „Jetzt" stellt sich somit die Frage: „Was ist jetzt das Richtige, das ich richtig tun sollte?"
- Doch diese Frage können wir uns nicht tatsächlich jeden Moment stellen. Wann kämen wir dann zum Arbeiten? Daher benötigt Zeitmanagement einen Wechsel der Perspektive zwischen unseren verschiedenen Rollen, zwischen kurz- und langfristigem Zeithorizont, zwischen der Übersicht über alle anstehenden Aufgaben und dem „Durchblick" in der einzelnen Aufgabe.

3 Analysieren Sie Ihr Zeitmanagement

Veränderung setzt am IST-Zustand an

Wenn Sie den Umgang mit Ihrer Zeit, insbesondere Ihrer Arbeitszeit, verbessern wollen, möchte ich Sie jetzt einladen, zu ermitteln, wie es um Ihr bisheriges Zeitmanagement bestellt ist. Sie können systematisch herausarbeiten, wo die Problemzonen Ihres Zeitmanagements liegen, und somit gezielt Gegenmaßnahmen ergreifen.

Als Mittel zum Erfassen des Ist-Zustandes hat sich in meiner Arbeit eine Zeitverwendungsanalyse bewährt – ein Protokoll über den Verlauf einiger typischer Arbeitstage. Wenn Sie dieses Protokoll einige typische Arbeitstage über ausfüllen, erhalten Sie eine ausreichende und zugleich umfangreiche Datenbasis, um Ihr Zeitmanagement gezielt zu verbessern.

Dazu enthält das Protokoll eine Reihe von Spalten zu weit verbreiteten „Zeitkrankheiten", die in diesem Kapitel ausführlich mit entsprechenden Hilfestellungen besprochen werden. Suchen Sie sich diejenigen heraus, von denen Sie möglicherweise befallen sind.

Der Ausdruck „Zeitkrankheiten" ist von mir übrigens nicht ernst gemeint. Es liegt mir fern, Ihnen Krankheiten zuzuschreiben oder bei Ihnen ein schlechtes Gewissen hervorzurufen. Das würde Sie kaum motivieren etwas zu verändern.

Gehen Sie davon aus, dass jeder von uns Verhaltensweisen und Arbeitsgewohnheiten besitzt, die verbesserungswürdig sind. Gehen Sie auch davon aus, dass Sie selbst zu diesen Verbesserungen fähig sind! Es ist sicher nicht leicht, ungünstige Gewohnheiten abzulegen, und „vorbeugen" ist in diesem Fall mit Sicherheit auch einfacher als „heilen". Sie müssen selbst tätig werden.

> Jeder Einzelne ist für sein Zeitmanagement selbst verantwortlich.

3.1 Welche Rahmenbedingungen beeinflussen mein Zeitmanagement?

Manche Schwächen Ihres Zeitmanagements können durch das berufliche Umfeld und Arbeitsbedingungen beeinflusst sein:

◆ Jeden Morgen erstellen Sie einen Tagesplan. Bald sind Ihnen aber viele neue Aufgaben zugeflogen, wichtige und dringliche, die ein Arbeiten nach Plan unmöglich machen.
◆ Wenn die Funktion Ihrer Arbeitsstelle nicht genau definiert ist, geben Sie sich mit viel zu vielen Aufgaben ab, weil Sie annehmen, dass diese zu Ihrem Aufgabenbereich gehören. Die Verzettelungsgefahr ist groß.
◆ Sie arbeiten täglich mit dem PC. Wenn Ihr Unternehmen kein Geld in Ihre Fortbildung investiert, beherrschen Sie ein Programm nur einigermaßen. Zwangsläufig haben Sie täglich das Gefühl, dass Ihre PC-Arbeit eigentlich effizienter erfolgen könnte und dass Sie Zeit verlieren.

Wie das letzte Beispiel zeigt, sollte Zeitmanagement nicht nur auf das Planen von Aufgaben und das Arbeiten nach Plan reduziert werden. Gerade die Aufgabengebiete und Inhalte und die Struktur der Aufgaben selbst sind es, die uns Zeit kosten und methodisches Arbeiten erschweren. Diese Rahmenbedingungen Ihres Zeitmanagements sollten Sie sich zunächst bewusst machen, auch wenn Ihr Einfluss nicht immer so weit reicht, sie zu verändern.

1. Beantworten Sie nun bitte die Fragen im nebenstehenden Fragebogen, die einen Teil der Möglichkeiten abdecken, wie Zeitmanagement durch das berufliche Umfeld erschwert werden kann. Ergänzen Sie solche Faktoren, die Sie beim Durcharbeiten selbst entdecken.

Bitte denken Sie daran: Es geht um Ihre optimalen Arbeitsbedingungen!

2. Was können Sie selbst dafür tun, um Ihr Zeitmanagement und Ihre Arbeitsbedingungen zu verbessern? Dabei kann Ihnen das auf der nebenstehenden Seite unten abgedruckte Formular helfen. Erweitern Sie es passend und füllen Sie es aus!

Einflüsse aus dem Arbeitsumfeld	Stimmt	Teilweise	Stimmt nicht
Anweisungen in unserem Hause erlebe ich als widersprüchlich.	❏	❏	❏
Mein Aufwand, für Kunden das Beste zu leisten, ist riesig.	❏	❏	❏
Die Besprechungen im Hause dauern unnötig lang – die Ergebnisse sind unbefriedigend.	❏	❏	❏
Die Kommunikation mit anderen ist mangelhaft (geringer und verspäteter Austausch von Informationen, Missverständnisse, Reibereien).	❏	❏	❏
Ich bin mir im Unklaren, was ich machen darf, was ich machen soll und was mir untersagt ist.	❏	❏	❏
Wenn wir mehr Mitarbeiter hätten, würde ich für meine wichtigen Aufgaben die Zeit finden.	❏	❏	❏
Ich habe zu viele unterschiedliche Aufgaben zu erfüllen.	❏	❏	❏
Das Verhältnis zu meinem Vorgesetzten ist problematisch.	❏	❏	❏

Und nun haben Sie vielleicht selbst noch gänzlich andere Einflussfaktoren entdeckt:...

Rahmbedingungen verbessern

	Beispiel	1.	2.
Was empfinde ich als Problem?	zu viele unterschiedliche Aufgaben		
Inwiefern beeinflusst das meine Leistung?	verliere Überblick, kann nichts ungestört fertigstellen		
Wie könnte ich anders damit umgehen?	Zeitblöcke reservieren, Unterbrechungen im Timer dokumentieren, Aufgaben rationalisieren		
Gibt es andere Möglichkeiten, das Problem zu lösen?	Stellenbeschreibung vom Chef fordern, andere Aufgabenverteilung im Team anregen		

Welche Rahmenbedingungen beeinflussen mein Zeitmanagement?

3.2 Protokoll – Mein typischer Arbeitstag

Das auf der folgenden Doppelseite (S. 24/25) abgedruckte Protokoll bietet Ihnen umfangreiche Möglichkeiten, Ihre Arbeitssituation zu erkunden. Ich setze es seit vielen Jahren bei Einzelpersonen oder Firmenteams mit Erfolg ein.

Protokollieren Sie dazu etwa drei bis vier typische Arbeitstage lang Ihre sämtlichen Tätigkeiten: Wann habe ich was wie lange gemacht – Uhrzeit – Tätigkeit – Dauer – Dringlichkeit. Kennzeichnen Sie dabei dringliche Aufgaben in der entsprechenden Spalte durch ein „D".

Scheuen Sie nicht den vermeintlichen Zusatzaufwand. Es sind nur etwa fünfzehn Minuten pro Tag, die Sie für das Ausfüllen des Protokolls brauchen. Allein diese Übersicht über Tätigkeit und Dauer kann erhellend für Sie sein.

Die Spalten entsprechen Analysemöglichkeiten

Dieses Protokoll bietet Ihnen zwölf weitere Analysemöglichkeiten (Spalten des Protokolls), die Sie durchführen können, wenn die ausgefüllten Tagesprotokolle vorliegen. Dazu erhalten Sie Vorschläge und Tipps, wie Sie einzelne Schwachstellen beseitigen können. Alle diese Analysefelder werden in den folgenden Abschnitten dieses Kapitels einzeln besprochen:

◆ Spalte 1. Wichtigkeit und 2. Optimale Erledigung beziehen sich unmittelbar auf Ihre Einschätzung von Effektivität und Effizienz Ihrer Tätigkeiten (Abschnitt 3.3).
◆ Der dritte Analysevorschlag betrifft die Zeitverwendung für die verschiedenen Arten von Tätigkeiten. Sie fassen damit Gruppen von Tätigkeiten zusammen (Abschnitt 3.4).
◆ Es folgen vertiefende Fragen, vor allem zu Ihrem Arbeitsstil: 4. Absicht – Zeitfalle – Störung. 5. Verpflichtungen und Zeitdiebe, 6. Delegieren, Rationalisieren, Standardisieren, 7. Aufschieberitis, 8. Unterbrecheritis und Abbrecheritis und 9. Perfektionismus (Abschnitte 3.5 bis 3.9).
◆ Die 10. Spalte hilft Ihnen, Stressauslöser zu ermitteln und Maßnahmen gegen Dauerstress zu finden (Abschnitt 3.10).

- Mit Spalte 11 PPP stellen Sie fest, ob Pausen, Puffer und „Partyzeit" (lassen Sie sich überraschen, was ich damit meine) im Tagesablauf enthalten sind (Abschnitt 3.11).
- Spalte 12 zu „Quadrant" betrifft schließlich die Zeitplanung der vierten Generation, die ich Ihnen im Kapitel 6 ans Herz legen werde.

Die Auswertung anhand der zwölf Spalten nach Abschluss Ihrer protokollierten Tage erfordert auch noch etwas Zeit. Wenn Sie sich darauf einlassen, werden Sie diese Zeit zurückgewinnen und dabei eine Menge Schwachstellen beseitigt haben.

Zusatzeffekt der Ist-Erfassung

Die meisten Menschen, denen ich dieses Protokoll bisher vorlegte, haben einige sehr positive Nebeneffekte des Protokollierens festgestellt, zum Beispiel:
- Die Erkenntnis und der Stolz, an einem scheinbar vergeudeten Arbeitstag doch eine Menge geleistet zu haben.
- Der erzieherische Effekt: Durch das Protokollieren und Auswerten werden schlechte Gewohnheiten bewusster und manchmal spontan abgelegt.
- Zeitgewinn: Durch das parallele Protokollieren steigt das Zeitbewusstsein. Die Arbeitszeit wird besser investiert.

Allein wegen dieses letzten Nebeneffekts benutze ich selbst das Protokoll gerne an solchen Tagen, an denen ich besonders viel zu erledigen habe.

Bevor Sie das Formular nun kopieren und nutzen, hier eine kurze Anleitung zum praktischen Vorgehen:

1. Bitte führen Sie während Ihrer Arbeitszeit die linke Hälfte des Protokolls

Notieren Sie jede Tätigkeit, die Sie beginnen, in den Spalten Tätigkeit und Dauer. Wird eine Tätigkeit unterbrochen, dann notieren Sie auch den wiederholten Beginn. Hin und wieder sollten Sie zur Orientierung in der ersten Spalte die Uhrzeit festhalten.

Protokoll – Mein typischer Arbeitstag		Tag:						
Uhrzeit	Tätigkeit	0–1 min	1–5 min	5–15 min	15–30 min	30–60 min	länger	Dringlichkeit
Blatt:	Gesamt							

Protokoll – mein typischer Arbeitstag (Formular als Kopiervorlage)

	2	3	4	5	6	7	8	9	10	11	12
	Optimale Lösung	Zeitverwendung	Absicht/Zeitfalle/Störung	Verpflichtung/Zeitdiebstahl	Deleg./Standard/Rationalisieren	Aufschieberitis	Unterbrecheritis/Abbrecheritis	Perfektionismus	Stressauslöser	Pausen/Puffer/„Partyzeit"	Quadrant

2. Nutzen Sie die rechte Hälfte für gezielte Analysen einzelner Schwachstellen

Frühestens am Ende eines protokollierten Arbeitstags können Sie die Spalten 1–12 ausfüllen und analysieren. Dabei ist es nicht erforderlich, dass Sie gleich alle Spalten auf einmal auswerten. Wenn Sie sich auf diejenigen Fragen konzentrieren, die Sie besonders interessieren, werden Sie sicher eine Reihe wichtiger Erkenntnisse erzielen.

Die Fragestellungen zu den einzelnen Spalten werde ich Ihnen in den folgenden Abschnitten vorstellen.

> Tipp: Wenn Sie ein Tabellenkalkulationsprogramm besitzen, empfehle ich Ihnen, damit das Protokollformular anzufertigen, auszudrucken und mehrmals zu kopieren bzw. gleich in diesem Programm auszufüllen und auszuwerten.

3.3 Tun Sie das Richtige oder tun Sie etwas richtig?

Wohl kaum ein Ausspruch eines Fachmanns wurde im letzten Jahrzehnt im puncto Selbst- und Zeitmanagement so häufig zitiert wie der des amerikanischen Managementberaters Peter F. Drucker: *„Es ist wichtiger, das Richtige zu tun, als etwas richtig zu tun."*

Drucker weist damit darauf hin, dass die Entscheidung für das Richtige unter der Vielzahl der Handlungsmöglichkeiten unseren Erfolg wesentlich mehr bestimmt, als irgend etwas ohne großes Gewicht richtig, also gründlich und schnell, zu erledigen. Es geht also um die beiden Aspekte erfolgsorientiertes Handeln und gründliches und schnelles Erledigen.

„Das Richtige tun" wird mit den Begriffen Effektivität, Zweckerreichung, Nutzen oder Zielorientierung ausgedrückt, „richtiges Tun" dagegen meint Effizienz, Mitteleinsatz oder Aufwand. Beides ist wichtig, aber das Verhältnis zueinander muss stimmen. Kompliziert? Vielleicht macht eine Abbildung das Ganze deutlicher:

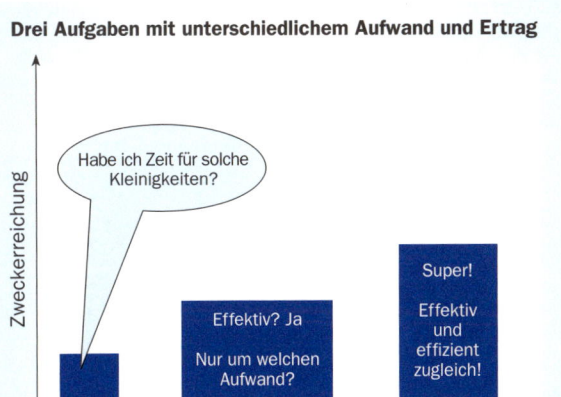

Beispiele zu Effektivität und Effizienz

Auf diese beiden Aspekte und auf ihr Verhältnis zueinander beziehen sich die Spalten 1 bis 3 des Protokolls:

◆ Die Bedeutung oder Wichtigkeit einer Tätigkeit hängt ab von den eigenen Zielen bzw. vom Zweck einer Aufgabe oder übernommenen Pflicht.
◆ Als optimale Lösung bezeichne ich ein sehr gutes Verhältnis von Ertrag einer Tätigkeit zum Zeit- und Arbeitsaufwand.
◆ Der dritten Spalte Zeitverwendung ist ein späteres Kapitel gewidmet.

Wichtigkeit und Dringlichkeit können starken Einflüssen Ihres Arbeitsumfeldes unterliegen. Zum Beispiel, wenn Sie feststellen müssten: „Alles was wichtig ist und schnell gehen muss, lässt mein Chef mich erledigen."

Die optimale Lösung fragt danach, ob Sie bei wichtigen Tätigkeiten auch richtig Power investiert und beim wenig Bedeutsamen entsprechend ökonomisch gearbeitet haben.

Kürzel	Erläuterung
Spalte 1 Wichtigkeit	
sw = sehr wichtig w = wichtig ww = weniger wichtig uw = unwichtig	Wie wichtig ist eine Tätigkeit für meine Ziele, für die mir übertragenen Aufgaben oder von mir übernommene Pflichten? Wie groß ist der erwartbare Nutzen?
Spalte 2 Optimale Lösung	
o = optimal erledigt no = nicht optimal erledigt, zu viel Aufwand	War mein zeitlicher und inhaltlicher Aufwand bei einer Tätigkeit angemessen im Hinblick auf den erwünschten Ertrag?

Weitere Fragen, die Sie auch ohne einzelne Einträge in Ihre Protokolle beantworten können, lassen sich ergänzend stellen:

- ◆ Um welche Uhrzeit habe ich mit der Arbeit an meinen wichtigsten Aufgaben begonnen?
- ◆ Wie lang war die längste Zeitspanne ungestörter Arbeit?
- ◆ Zu welcher Uhrzeit war das üblicherweise?
- ◆ Inwiefern habe ich meine Tagesziele erreicht?

Nach dieser Betrachtung werden Sie sicherlich selbst bemerken, ob die Verhältnisse stimmen.

Erste Regeln zum Zeitmanagement: Die ABC-Analyse und das Arbeiten nach Prioritäten

Ermitteln Sie mit einer ABC-Analyse Ihre Prioritäten

Die ABC-Analyse ist eine allgemein taugliche Methode, um vor allem bei großen Vergleichsmengen nach Wichtigkeit jeweils drei Gruppen zu bilden: Bei der Kundenanalyse z.B. anhand des Hauptmerkmals Kundenumsatz mit den drei Gruppen Hauptkunde, normaler Kunde, wenig wichtiger Kunde.

Im Zeitmanagement werden damit Aufgaben in drei Gruppen nach Wichtigkeit der Aufgaben ermittelt. Zwei Fragen können Ihnen gewichten helfen:

1. Welche Aufgaben sind für das Erreichen meiner/unserer Ziele am wichtigsten?
2. Welche Aufgaben bringen am meisten Ertrag (z.B. Umsatz, Gewinn)?

Ein weiteres hilfreiches Unterscheidungsmerkmal ist die Delegierbarkeit einer Aufgabe.

A-Aufgaben: sind die wichtigsten Aufgaben einer Stelle oder Rolle;
– sie sind nicht delegierbar;
– sie sollten so früh wie möglich angegangen werden.

B-Aufgaben: sind durchschnittlich wichtige Aufgaben; sie sind teilweise delegierbar.

C-Aufgaben: sind weniger wichtige Aufgaben; sie sind delegierbar und ggf. verzichtbar.

Gängige Unterscheidungsmerkmale wie Dringlichkeit und Terminierbarkeit lasse ich nicht gelten. Die Erklärung dazu finden Sie im Kapitel 6 (Zeitplanung der „vierten Generation").

Arbeiten Sie nach Prioritäten

Aus der ABC-Analyse ergibt sich der Schluss, dass wir im Hinblick auf den Ertrag oder Erfolg die meiste Energie für A-Aufgaben einsetzen, für B-Aufgaben mit dem Einsatz haushalten und bei C-Aufgaben sparsamen Aufwand betreiben sollten.

Anhand der Prioritäten lässt sich leicht eine ideale Reihenfolge der Aufgabenerledigung erstellen. Pro Tag sollten Sie sich maximal drei A-Aufgaben zur Erledigung vornehmen.

Häufig begegne ich Menschen, die zu viele Aufgaben als A-Aufgaben einstufen. Meistens betrachten diese die Dringlichkeit einer Aufgabe als Kriterium für das Etikett „A-Aufgabe".

3.4 Was machen Sie eigentlich den Tag über?

Besonders bei dienstleistenden Berufen und Arbeitsfeldern ist schwer erkennbar, welche Arbeiten einen Beitrag zur Wertschöpfung des Unternehmens oder der Organisation leisten und welche nicht.

„Was machen Sie eigentlich den Tag über?", ist eine Frage, die manch einer nicht allzu gerne hört.

Arbeiten ist ein abstrakter Begriff. Ob jemand einen wichtigen Auftrag an Land zieht, einen Mitarbeiter motiviert, bei einer Dienstreise auf den verspäteten Intercity wartet oder nur Bleistifte anspitzt – all das kann als Arbeit gewertet werden.

Aus welchen Tätigkeiten setzt sich Ihre Arbeit zusammen?

Mit Hilfe der Spalte 3 „Zeitverwendung" unseres Protokolls können Sie die Aufteilung Ihrer Arbeitszeit nach Tätigkeitsarten erfassen.

Kürzel	Erläuterung
Spalte 3 Zeitverwendung	
Zum Beispiel: A = Ausarbeiten B = Besprechung E = E-Mails bearbeiten F = Fahrtzeiten S = Suchen von Unterlagen	Welche Art von Tätigkeit mache ich? Wie viel Zeit verbrauche ich dabei jeweils? Bitte wählen Sie selbst maximal zehn Tätigkeitsarten. Vermeiden Sie dabei Überschneidungen bei der Einteilung wie z. B. „Telefonat" und „Gespräch".

Addieren Sie die Zeiten, die Sie mit den einzelnen Tätigkeitsarten verbringen. Anschließend können Sie den prozentualen Anteil einer Tätigkeitsart zur gesamten Arbeitszeit ermitteln. Ihr Ergebnis könnte, grafisch aufbereitet, wie das Beispiel auf der nächsten Seite oben ausschauen.

Stehen unproduktive und Leerlaufzeiten in einem sinnvollen Verhältnis zu Zeiten, in denen Sie produktiv arbeiten können? Die Beurteilung Ihrer Verteilung bleibt Ihnen überlassen.

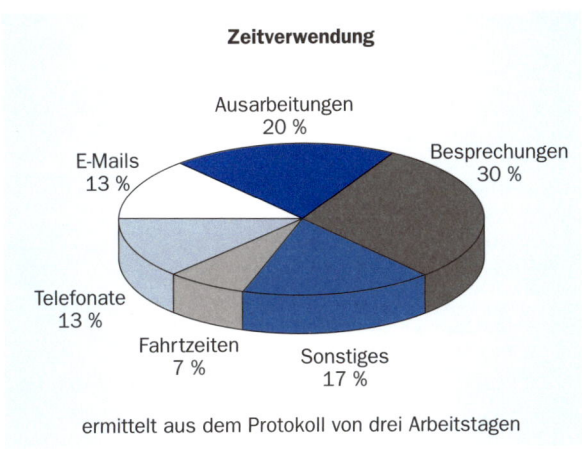

Beispiel Zeitverwendung

Betrachten wir aber einmal kritisch das Beispieldiagramm. Hier fällt ein hoher Anteil an kommunikativen Tätigkeiten (Besprechungen, E-Mails bearbeiten, telefonieren) auf. Wenn dies die Zeitverteilung eines Verantwortlichen einer Werbeagentur ist, ist dieser hohe Anteil kommunikativer Tätigkeiten vermutlich gerechtfertigt. Haben wir es dagegen mit einem Sachbearbeiter ohne besondere Entscheidungsbefugnisse zu tun, müssen wir fragen, ob nicht ein Missverhältnis von Kommunikation zu selbstständigen Ausarbeitungen vorliegt.
Solche Missverhältnisse finden wir in vielen Unternehmen und Organisationen, und zwar nicht erst seit E-Mail-Bombardements und Besprechungsmarathons Einzug gefunden haben.

Wie kann der produktive Anteil Ihrer Arbeitszeit erhöht werden?

Hier ist natürlich Ihre Kreativität gefragt. Vielleicht hilft Ihnen die folgende Liste, Leerlaufzeiten zu entdecken.

Mehr produktive Zeit gewinnen	1. T.-Art	2. T.-Art	3. T.-Art
Bei welcher Art von Tätigkeiten verliere ich zu viel Zeit?			
Welche Möglichkeiten gibt es, dafür weniger Zeit aufzuwenden? (mindestens drei Alternativen)			
Welche davon sind realistisch?			
Wie gehe ich vor, um mir mehr Zeit für produktives Arbeiten zu sichern?			

3.5 Zeitfallen – Die Tücken des Objekts

Unabhängig vom Arbeitsfeld eines Einzelnen gibt es typische Zeitfallen, die effektives und effizientes Arbeiten erschweren.
Als Zeitfallen werden Tätigkeiten bezeichnet, die länger dauern als erwartet bzw. nicht geplant waren und trotzdem erledigt werden müssen. Wir sprechen hier gerne von der „Tücke des Objekts". Da das Bewältigen von Zeitfallen oft keinerlei Befriedigung vermittelt, kosten sie uns besonders viel Nerven. Nicht selten gilt auch der Satz „Heute geht alles schief": Von einer Zeitfalle stolpern wir in die nächste, so dass ganze Problemketten entstehen.

Einige Beispiele:

◆ Nach einem Systemabsturz ist ein neu erstelltes Dokument nur noch unvollständig vorhanden. Das Dokument muss rekonstruiert werden.
◆ Per E-Mail verschickte Dokumente werden vom PC des Adressaten als unbekanntes Format interpretiert. Sie müssen in einem anderen Dateiformat gespeichert und erneut gesendet werden.
◆ Sie erhalten fest zugesagte wichtige Daten nicht rechtzeitig.

Erste Ergebnisse zu Zeitfallen kann Ihnen bereits das Protokoll einiger typischer Arbeitstage liefern. In dessen Spalte 4 Absicht / Zeitfalle / Störung können Sie unterscheiden, ob eine Tätigkeit beabsichtigt, unbeabsichtigt oder störend war.

Kürzel	Erläuterung
Spalte 4 Absicht/Zeitfalle/Störung	
b = beabsichtigt	Ist die Tätigkeit von mir geplant und beabsichtigt?
u = unbeabsichtigt	Ist sie unbeabsichtigt, aber im Rahmen einer beabsichtigten Tätigkeit erforderlich?
s = störend	Ist sie störend, kann aber nicht vermieden werden?

Wenn Sie auf der Suche nach Zeitfallen fündig wurden, dann können Sie Ihre Protokolle nochmals anhand der folgenden Fragestellungen prüfen:
- Gibt es typische Zeitfallen/Problementstehungsketten?
- Hängen diese mit bestimmten Arbeitstechniken, Arbeitsmitteln oder Personen zusammen?
- Ist darin ein System oder irgendein Muster erkennbar?

Beseitigen Sie Zeitfallen konsequent und dauerhaft.

Vergleichen Sie die Entstehungsgeschichte von Zeitfallen miteinander. Erstellen Sie sich dazu eine Übersicht, am besten als Tabelle mit folgenden Spalten:
- Datum des Eintritts
- Zeitfalle
- Gründe und Ursachen
- weitere Umstände
- Lösungsideen und Maßnahmen

Sie werden dabei immer sensibler für typische Auslöser und Bedingungen solcher Zeitdiebe. Rücken Sie dann den Auslösern von Zeitfallen konsequent zu Leibe.

3.6 Verpflichtungen, Zeitdiebe und das Nicht-Nein-Sagen

Neben den Zeitfallen kann unsere Arbeitseinteilung durch Zeitdiebstahl sabotiert werden. Wir übernehmen Verpflichtungen oder lästige Aufgaben, die uns Arbeit bereiten, die Zeit kosten und vom Verursacher gerne mit dem Etikett „wichtig und dringend" versehen werden.

Als Zeitdiebstahl können wir Verhaltenweisen bezeichnen, von anderen Menschen Leistungen zu erwarten, ohne selbst Gegenleistungen geben zu können oder zu wollen.

- Morgens um halb neun Uhr, gerade wenn Sie sich an Ihre erste Tagesaufgabe machen, kommt Kollege Klevermann in Ihr Büro spaziert: „Wir haben drei kleine Anfragen erhalten. Kannst du die schnell erledigen, ich bin nämlich eigentlich schon weg. Wichtiger Termin!"
- Jedes Mal, wenn Sie am Kopierer stehen, kommt Herr Nebenbei, fragt Sie aus und bittet Sie, ihm doch schnell mal bestimmte Daten zusammenzustellen.
- Kennen Sie Menschen, die, ohne dass es sie etwas anginge, häufiger die Frage „Warum?" stellen. Haben Sie dabei das Gefühl, sich rechtfertigen zu müssen?
- Gibt es öfter Situationen, in denen Sie „Nein" denken, aber laut „Ja" sagen?

Nicht jedes unverbindliche Gespräch, jede Bitte oder Anfrage dürfen wir als Zeitdiebstahl bezeichnen.

In einer modernen Berufswelt, die auf Vernetzung, Informationsaustausch und einem Servicegedanken basiert, gibt es viele Tätigkeiten, die wir leisten müssen, ohne daraus selbst Nutzen zu ziehen. Ebenso gehört es zu einer guten Unternehmenskultur, sich in der Teeküche über dies und das auszutauschen oder sich für die Belange enger Kollegen zu interessieren. Uneigennütziger Informationsaustausch ist dabei das Salz in der Suppe.

Sprechen wir hier lieber von Verpflichtungen. Das sind Aufgaben, die wir übernehmen, ohne einen direkten Ertrag für uns selbst erkennen oder ein eigenes Ziel unmittelbar damit verbinden zu können. Indirekt ist eigener Ertrag nicht ausgeschlossen: „Do ut des – ich gebe, damit du mir vielleicht auch mal gibst", sagten die alten Römer. Diese Unterscheidung zwischen Verpflichtungen und notorischen Zeitdiebstählen ist wichtig, um jeweils angemessen reagieren zu können.

Umgang mit Verpflichtungen

Wenn jemand, der nicht als notorischer Zeitdieb bekannt ist, eine Leistung von Ihnen erwartet, dann fragen Sie nach: Ermitteln Sie den genauen Zeitpunkt der Abgabe, die gewünschten Inhalte und die erforderliche Form. Vergessen Sie nicht, den Empfänger auf eigene dringende Angelegenheiten hinzuweisen. Beispiele für Rückfragen sind:

- Was meinen Sie mit „morgen"? Reicht es Ihnen, wenn ich Ihnen die Daten bis morgen Nachmittag, 16 Uhr, liefere?
- Wie ausführlich brauchen Sie das? Reicht Ihnen eine formlose Zusammenfassung?
- Kann ich Ihnen meine Antworten einfach handschriftlich auf Ihrem Brief vermerken?

Wenn es Ihrem Adressaten um die Sache geht, wird er sich auf diese Präzisierung einlassen und Ihre Belange respektieren.

Umgang mit notorischem Zeitdiebstahl

Haben Sie es dagegen mit einer Person zu tun, die des Zeitdiebstahls verdächtig ist, dann sollten Sie grundsätzlich für Ihre Leistung eine Form wählen, die Ihnen wenig Aufwand beschert. Dabei vermitteln Sie auf dezente Weise, welche Bedeutung Sie selbst der Sache beimessen:

- Ein Mitteilung auf die Mailbox Ihres Zeitdiebs muss genügen. Sie müssen ihn nicht dreimal persönlich zu erreichen versuchen.
- Eine E-Mail ist schneller erstellt als ein Brief.
- Halten Sie die Antwort eher unpersönlich und nüchtern.

> Bei notorischen Zeitdieben sollten Sie sich nicht scheuen, öfter „Nein" zu sagen.

Genau damit, mit dem Nein-Sagen, tun sich viele schwer. Vielleicht, weil man dabei unwillkürlich an eher rabiate Formen des Nein-Sagens denkt, Sanktionen befürchtet oder Angst hat, sich unbeliebt zu machen. Beim Nein-Sagen macht der Ton die Musik. Es gibt so viele Varianten. Lernen Sie vor allem, die verschiedenen Taktiken von Zeitdieben zu unterscheiden:

- Sagen Sie sofort „Nein", wenn Sie bei einer Anfrage von vornherein „Nein" denken.
- Geschickte Rhetoriker treiben uns gerne mit mehreren vorbereitenden Fragen in die Enge: Sie müssen jeder der Fragen zustimmen, bevor die eigentliche Erwartung geäußert wird. Drücken Sie, sobald Sie dies bemerken, durch Sprache und Körpersprache (!) Ihre Skepsis aus.
- Ist eine Erwartung an Sie in ein schmeichelhaftes Angebot eingekleidet, dann bedanken Sie sich herzlich für das Vertrauen usw. – lehnen aber mit großem Bedauern wegen eigener dringender Angelegenheiten ab.
- Wenn Sie unsicher sind, ob Sie eine Verpflichtung übernehmen sollen, stellen Sie Bedingungen. Echte Abzocker gehen darauf nicht gerne ein.
- Falls Sie sich überrumpelt fühlen, erbitten Sie Bedenkzeit.

Ermitteln Sie zunächst anhand der Spalte 5 Verpflichtung/ Zeitdiebstahl, welche Ihrer Tätigkeiten als Zeitdiebstahl und welche als Verpflichtung zu bewerten sind. Überprüfen Sie dabei, ob Sie eine Anfrage durch ein „Nein" hätten zurückweisen können.

Kürzel	Erläuterung
Spalte 5 Verpflichtung/Zeitdiebstahl	
V = Verpflichtung Z! = Zeitdiebstahl	Hat mich eine echte Verpflichtung Zeit gekostet? Hat mir jemand unnötig Zeit gestohlen?

Haben Sie Zeitdiebstahl entdeckt? Wenn ja, dann überlegen Sie sich, wie Sie künftig geschickter und eleganter reagieren können.

Zeitdiebstahl reduzieren	1. Fall	2. Fall	3. Fall
Handelte es sich um unbeabsichtigten oder notorischen Zeitdiebstahl?			
Wie habe ich mich verhalten?			
Was hat mich veranlasst, „Ja" zu sagen?			
Wie könnte ich mich anders verhalten? (mind. 3 Alternativen)			
Wie verhalte ich mich beim nächsten Mal?			

3.7 Delegieren, standardisieren oder rationalisieren

Täglich werden wir mit Informationen und Arbeitsaufträgen überflutet: Berichte schreiben, Angebote durcharbeiten, an Besprechungen teilnehmen, Protokolle lesen. Besonders seit der „segensreichen" Einführung von E-Mails, die umgehende Antworten erwarten. Diese Informations- und Aufgabenflut zieht einen Rattenschwanz von Folgetätigkeiten nach sich: Termine bestätigen, Unterlagen ordnen, selektieren, ablegen, Dateien verwalten usw. Diese Dinge sollten Sie nicht lange von Ihren wichtigen Angelegenheiten abhalten.

> Delegieren Sie Tätigkeiten, die nicht unbedingt Ihre eigene Kompetenz erfordern!

Manch einer, der über qualifizierte Mitarbeiter verfügt, tut sich sehr schwer mit der Delegationsregel. Man hört stattdessen:
◆ „Wenn ich nicht alles selbst mache, geht es schief."
◆ „Durch die Kontrolle delegierter Aufgaben verliere ich mehr Zeit, als wenn ich sie selbst erledige."

Vielleicht liegt es daran, dass er delegieren mit aufhalsen verwechselt. Oder er kritisiert, anstatt zu motivieren. Oder er vergisst, die Mitarbeiter für ihre Ergebnisse zu loben – ganz nach

dem schwäbischen Motto: „Nix g'sagt, isch g'nug g'lobt!" Delegation ist sinnvoll,
- wenn Mitarbeiter fähig sind, die übertragenen Aufgaben zu erledigen und mögliche Handlungsspielräume zu nutzen,
- wenn diese Mitarbeiter durch delegierte Aufgaben gefordert oder gefördert werden können,
- wenn Sie selbst Wichtigeres, genauer gesagt: Aufgaben zu bewältigen haben, die exakt Ihre Kompetenzen erfordern – und das dürfte eigentlich immer der Fall sein!

Wie sollte delegiert werden?

- Erläutern Sie Zweck und Nutzen der delegierten Aufgabe.
- Legen Sie die Ziele der Aufgabe und der damit verbundenen Delegation fest.
- Grenzen Sie die Aufgabe und die erwarteten Ergebnisse ab: Was gehört nicht dazu?
- Delegieren Sie entsprechend der Fähigkeit und der Motivation des Mitarbeiters.
- Delegieren Sie möglichst dauerhaft und umfassend.
- Vereinbaren Sie Kontroll- und Endtermine.
- Bieten Sie Ihren Mitarbeitern Feed-back und Unterstützung an, z.B. bei unerwarteten Problemen oder Verzögerungen.
- Verhindern Sie die Rückdelegation einer Aufgabe.

Führen Sie Standards ein

Delegieren Sie – eine wirklich entlastende Zeitmanagementregel. Doch an wen soll ein Freiberufler ohne Mitarbeiter, an wen soll eine Sekretärin delegieren? Auch ohne Delegationsmöglichkeiten gibt es Mittel und Wege, sich von Aufgaben zu entlasten: Führen Sie Standards ein! Standards sichern die Mindestqualität und reduzieren den Aufwand für die Fehlersuche.

- Verwenden Sie Formulare für rasches und vollständiges Erfassen von Daten.
- Dokumentvorlagen in der Textverarbeitung reduzieren den Eingabeaufwand und aufwändiges Formatieren.
- Checklisten erleichtern das Kontrollieren usw.

Rationalisieren Sie Ihre Aufgaben

Fragen Sie nach dem genauen Zweck, Nutzen und Ertrag jeder Aufgabe und reduzieren den Aufwand entsprechend. Machen Sie aus Einzelaufgaben Routineaufgaben, die Zeit sparen und auch zwischendurch erledigt werden können:

- Bilden Sie Aufgabenpakete bei Routinetätigkeiten, z. B. mehrere Briefe nacheinander schreiben, E-Mails nicht einzeln lesen, beantworten, ablegen, sondern en bloc.
- Prüfen Sie, ob alle Details einer Aufgabe, alle Daten und Rechnungen tatsächlich erforderlich sind und überhaupt verwertet werden. Andernfalls streichen Sie!

Das Verfahren zur Analyse Ihrer Tagesprotokolle kennen Sie mittlerweile. Hilfreich ist hier die Spalte 6:

Kürzel	Erläuterung
Spalte 6 Delegieren/Standardisieren/Rationalisieren	
dg = delegierbar	Die Tätigkeit kann an interne oder externe Mitarbeiter übertragen werden
ndg = nicht delegierbar	Die Tätigkeit hängt von meiner Kompetenz und meinem Know-how ab
st = standardisierbar	Die Tätigkeit kommt häufig vor und sollte standardisiert werden
ra = rationalisierbar	Die Tätigkeit kommt häufig vor und könnte rationalisiert werden

3.8 Leiden Sie an Aufschieberitis, Unter- oder Abbrecheritis?

Als Aufschieberitis wird eine „Krankheit" bezeichnet, von der viele von uns befallen sind: Wichtige Dinge schieben wir vor uns her, ohne triftige Gründe dafür zu haben. Wir verdrängen manche Aufgaben, die wir als unangenehm erleben. Wir verschieben den Beginn von Tag zu Tag. Das Anpacken wird immer schwieriger, das schlechte Gewissen wächst – bis eine Aufgabe nicht mehr aufschiebbar oder hinfällig geworden ist. Im Nachhinein stellen wir manchmal fest, dass wir eine Chance verspielt haben, ein Ziel zu erreichen.

Fehlender Überblick über alle anstehenden Aufgaben kann ein anderer Auslöser für Aufschieberitis sein. Manche Menschen neigen zu Geschäftigkeiten (bayrisch: Gschaftlhuberei): Hier ist noch etwas nachzutragen, da noch etwas zu verändern. So kommt es, dass für manche Aufgaben keine Zeit mehr war. Aufschieberitis schleicht sich ein.

Zu viele Dinge gleichzeitig zu tun, kann Aufschieberitis auslöden. Die Begeisterung für eine Aufgabe kann dazu führen, dass eine gleichzeitig zu bearbeitende Aufgabe vergessen und aufgeschoben wird.

> Die alte Zeitplanungsregel „Befassen Sie sich immer nur mit einer Aufgabe!" gilt dennoch nicht immer.

Viele Menschen, vor allem in kreativen Berufsgruppen, profitieren von einem chaotischen Arbeitsstil. Außerdem, wie soll sich die arme Sekretärin oder der einzelkämpfende Freiberufler verhalten, wenn während einer Aufgabe plötzlich der Chef bzw. ein Kunde drängelt?

Gehen Sie den Fragebogen auf der folgenden Seite durch. Wenn Sie bei diesen Frage häufiger bei „Stimmt" oder „Teilweise" angekreuzt haben, dann sollten Sie sich in Ihrem Zeitverwendungsprotokoll anhand der Spalte 7 „Aufschieberitis" gezielt auf die Suche machen, welche konkreten Tätigkeiten Sie aufgeschoben haben.

Kürzel	Erläuterung
Spalte 7 Aufschieberitis	
A = aufgeschoben	Habe ich den Beginn dieser Tätigkeit aufgrund Aufschieberitis hinausgeschoben?

Haben Sie dabei bestimmte Muster in Ihrem Denken und Handeln erkannt?

Leide ich unter Aufschieberitis?	Stimmt	Teilweise	Stimmt nicht
Ich erfinde Gründe und suche nach Entschuldigungen, um ein schwieriges Problem aufzuschieben.	❏	❏	❏
Ich brauche Druck, um an schwierigen Aufgaben zu arbeiten.	❏	❏	❏
Es gibt viele Unterbrechungen, die mich abhalten, Wichtiges zu erledigen.	❏	❏	❏
Ich versuche, viele Dinge gleichzeitig zu erledigen. Dabei bleibt manchmal eine Aufgabe liegen.	❏	❏	❏
Ich vernachlässige Kontrolle und Nachbereitung bei wichtigen Projekten.	❏	❏	❏
Ich versuche, unangenehme Dinge von anderen Menschen für mich erledigen zu lassen.	❏	❏	❏
Ich muss erst alles andere von Tisch haben, bevor ich eine wichtige Aufgabe beginne.	❏	❏	❏
Ich vermeide es, mir Endtermine zu setzen.	❏	❏	❏
Ich fange immer mit unwichtigen Aufgaben an und schiebe die wichtigsten auf.	❏	❏	❏

Wie Sie Aufschieberitis verlernen können

Die folgenden Tipps setzen an unterschiedlichen Punkten an, an der Zweckorientierung, an Ihrer Motivation für die Aufgabe, an den Arbeitstechniken und – wenn nichts anderes helfen sollte – an Belohnung:

- ◆ Denken Sie daran, wie toll es sein wird, wenn Sie eine Aufgabe erledigt haben.
- ◆ Formulieren Sie die Aufgabe positiv – in motivierender Sprache.
- ◆ Denken Sie zwischendurch an Sprüche und Zitate erfolgreicher und bedeutender Persönlichkeiten, die Sie antreiben und motivieren können.
- ◆ Wenn Sie bei einer Aufgabe blockiert sind, dann probieren Sie einen anderen Weg als denjenigen, mit dem Sie nicht mehr weiterkommen. Dieser Weg kann der bessere sein.

- ◆ Fragen Sie sich: „Wie sähe die optimale Lösung für mich aus?"
- ◆ Zerlegen Sie eine Aufgabe in kleine Teilschritte.
- ◆ Machen Sie diesen ersten kleinen Schritt so bald wie möglich. Der zweite geht dann schon etwas leichter.
- ◆ Vereinbaren Sie mit sich selbst Termine für die Erledigung der Teilschritte.
- ◆ Beginnen Sie eine heikle Aufgabe spielerisch, ohne den Anspruch nach sofortigen Resultaten aufzubauen.
- ◆ Verpflichten Sie sich zu 10 Minuten Arbeit an einer unangenehmen Aufgabe.
- ◆ Beseitigen Sie Ablenkungen.
- ◆ Schenken Sie sich eine Belohnung.

Gibt es eigentlich auch Unterbrecheritis und Abbrecheritis?

Diese Frage muss mit einem klaren „Jein" beantwortet werden. Die folgenden Beispiele sollen die Problematik verdeutlichen:

Herr Planemann arbeitet an einer nicht unwichtigen Aufgabe. Plötzlich bittet ihn sein Vorgesetzter, dringend eine wichtige Angelegenheit zu erledigen. Wenn Herr Planemann jetzt seine eigene Aufgabe unterbricht – kann man da von Unterbrecher-ITIS sprechen?

Herr Kuhlplan arbeitet ebenfalls an einer nicht unwichtigen Aufgabe. Seit einer halben Stunde kommt er an einer bestimmten Stelle nicht weiter. Er sagt sich: „Vielleicht geht es später besser? Jetzt erst mal eine Pause." Ist das Unterbrecher-ITIS?

Herr Planemann hat eine tolle Idee und stürzt sich in die Ausarbeitungen. Zunächst kommt er gut voran. Doch mit der Zeit entdeckt er hier ein Problem und da noch eins. Er merkt, dass die Sache ganz schön kompliziert wird. Da kommt ein Kollege hereingestürmt und zeigt ihm eine CD-ROM mit fantastischer neuer Software. Auch Herr Planemann ist begeistert, installiert die Software und beginnt, mit dem neuen Programm zu spielen. Schließlich ruft ein guter Kunde an und lädt Herrn Planemann zum Essen ein. Sofort. Dieses Mal artet sein Verhalten tatsächlich in Unterbrecheritis aus.

Herr Kuhlplan hat ebenfalls eine tolle Idee, die eine echte Verbesserung für die Firma werden kann. Nachdem er mit einigen Kollegen gesprochen hat, merkt er, dass seine Annahmen so nicht stimmen. Er gibt seine Idee auf. Ist das Abbrecher-ITIS?

Wie Sie sehen, ist die Endung „-itis" häufig nicht berechtigt. Wenn Sie sich – mit etwas Distanz zur Sache – entscheiden, einen Vorgang zu unterbrechen oder abzubrechen, dann ist das oft berechtigt.

Sollten Sie dagegen ein Mensch sein, der sich für Neues schnell begeistert und in der Umsetzung meistens hängenbleibt, dann sollten Sie dieses Verhaltensmuster verändern und Ihren Ideen mehr Durchschlagskraft geben.

Verwenden Sie die Spalte 8 Unterbrecheritis und Abbrecheritis zur Auswertung Ihrer Tagesprotokolle.

Kürzel	Erläuterung
Spalte 8 Unterbrecheritis/Abbrecheritis	
U = unterbrochen	Habe ich eine angefangene Tätigkeit unterbrochen?
\ = abgebrochen?	Habe ich eine angefangene Tätigkeit abgebrochen?

3.9 Sind Sie von Perfektionismus befallen?

Herr Planemann ist Perfektionist: „Ich kann eine Aufgabe erst dann beenden, wenn ich mit dem Ergebnis hundertprozentig zufrieden bin. Vorher kann und mag ich mich nicht mit anderem befassen."

Als Perfektionismus bezeichnen wir das Ausführen von Tätigkeiten, ohne die Frage nach dem richtigen Verhältnis von Aufwand und Ertrag zu stellen. Die Frage nach „dem Richtigen" wird vernachlässigt, das „richtig tun" schlägt um in ein Muss.

◆ Wenn Sie eine Präsentation für einen interessanten Neukunden vorbereiten, wollen Sie einen hervorragenden Eindruck und möglichst keine unklaren Fragen hinterlassen. Hier besteht die Gefahr des Perfektionismus kaum.
◆ Wenn Sie dagegen schon seit Jahren einen Monatsbericht erstellen, immer fünf Seiten Text mit zehn Diagrammen, ohne zu wissen, ob dieser wirklich gebraucht wird, liegt Perfektionismusverdacht nahe. Vor allem, wenn dafür Telefonate mit wichtigen Neukunden aufgeschoben werden.

Die folgenden Fragen können Ihnen helfen, Ihre Anfälligkeit für Perfektionismus herauszufinden.

Neige ich zu Perfektionismus?	Stimmt	Teilweise	Stimmt nicht
Mir fällt es schwer, eine angefangene Aufgabe abzuschließen, bevor das letzte Komma richtig sitzt.	❏	❏	❏
Mir fällt es schwer, eine angefangene Aufgabe zu unterbrechen, wenn etwas Wichtiges dazwischenkommt.	❏	❏	❏
Ich kenne keine Methoden und Tricks, um wieder rasch in eine unterbrochene Tätigkeit hineinzufinden.	❏	❏	❏
Es fällt mir schwer, einen Entwurf, der als solcher gekennzeichnet ist, an andere weiterzugeben, ohne ihn sauber auszuarbeiten.	❏	❏	❏
Während ich mit einer Aufgabe beschäftigt bin, mache ich keine Pausen zum Denken bzw. vom Denken.	❏	❏	❏

Mit Hilfe der Spalte 9 „Perfektionismus" des Zeitverwendungsprotokolls können Sie diejenigen Tätigkeiten ermitteln, bei denen Sie perfektionistisch gearbeitet haben.

Kürzel	Erläuterung
Spalte 9 Perfektionismus	
P = Perfektionismus	Bei dieser Tätigkeit habe ich zu gründlich gearbeitet.

Wenn Sie entdeckt haben, dass Sie zu Perfektionismus neigen, kann Ihnen das Pareto-Prinzip vielleicht weiterhelfen.

Beachten Sie das Pareto-Prinzip

Vilfredo Pareto hat in verschiedenen Untersuchungsfeldern ermittelt, dass 80 % der Zweckerfüllung (Ertrag oder Nutzen) mit ca. 20 % des gesamten Mitteleinsatzes (Aufwand) erzielt werden können. Mit weiteren 30 % des Einsatzes werden nur noch zusätzliche 10 % Ertrag geschaffen. Mit 50 % des Gesamtaufwands werden die letzten 10 % an Ertrag produziert. Zumindest diese letzten 10 % des Ertrags auszureizen, ist also Zeitverschwendung! Die Zahlen sind natürlich grobe Werte. Es geht um das Prinzip, nicht mit zu hohem Aufwand eine Aufgabe zu perfekt bewältigen zu wollen.

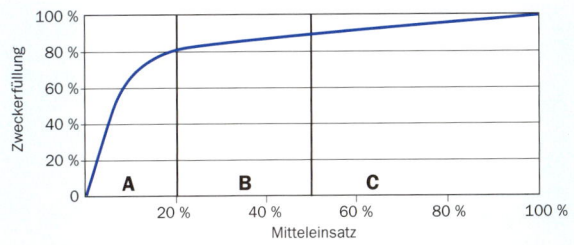

Das Pareto-Prinzip

Aus der Ferne sieht man manchmal besser!

Eine mögliche Ursache für Perfektionismus ist die fehlende Distanz zu einer Aufgabe. Manchmal vergräbt man sich in einer Aufgabe wie in einer Grube, die man zwei Meter tief aushebt, sodass man nicht mehr über den Rand schauen kann.
Falls Sie dieses Phänomen kennen, sollten Sie bewusst immer wieder „aus der Grube heraussteigen". Schauen Sie sich die Umgebung (d.h. die aktuelle Arbeitssituation, Ihre anderen Aufgaben, Ihren Zeitrahmen) an, bevor Sie an der Grube weiterbuddeln. Wie Sie die Wertigkeit einer Aufgabe im Verhältnis zu anderen ermitteln können, beschreibt das Kapitel 8.7.

3.10 Sind Sie stressgeplagt?

Stress ist eines der Hauptübel unserer modernen Arbeitswelt – einschließlich der Welt der Hausarbeit und Kinderbetreuung. Mittlerweile sprechen wir sogar von „Freizeit-Stress".

Das Phänomen Stress

Stress ist einerseits notwendig

Stress stellt unserem Körper ein erhöhtes Maß an Energie und Körperspannung bereit.
Unterschiedliche leistungssteigernde Hormone werden ausgeschüttet – „Glückshormone" wie die Endorphine oder „Kampfhormone" wie Adrenalin.
Das Sauerstoffangebot wird erhöht und die Durchblutung wird verbessert. Damit erhöht Stress zumindest die körperliche Leistungsbereitschaft. Vegetative Funktionen (Verdauung), Sexual-, Immun- und manche Gehirnfunktionen werden zugleich „energiesparend" eingeschränkt.

Insofern ist Stress zunächst einmal wichtig für uns. Besondere Aufgaben und Höchstleistungen könnten wir ohne Stress nicht angemessen lösen.

Vielleicht ist es so zu erklären, dass viele Menschen von sich sagen: „Ich brauche Druck, um produktiv arbeiten zu können."

Stress birgt andererseits Probleme

Die leistungssteigernde Grundfunktion von Stress war bereits bei unserem Vorgänger, dem Neandertaler, entwickelt. Für ihn war sie überlebenswichtig. Er hatte Situationen durch körperliche Reaktionen wie Angriff oder Flucht zu bestehen. Die Anforderungen unseres modernen Lebens sind dagegen selten auf körperliche Leistungsfähigkeit ausgerichtet. Wir brauchen meistens geistige Leistungsfähigkeit.

Vor allem unsere Wahrnehmung wird durch negatives Stresserleben stark eingeschränkt. So erzeugt Stress häufig einen Zeittunnel, der das „Drumherum", die Rahmenbedingungen unserer Umgebung, ausblendet.

◆ Das limbische System im Zwischenhirn arbeitet bei Aufnahme neuer Reize als emotionales Schiedsgericht. Es befindet blitzschnell darüber, welche Informationen und Reize wichtig sind und, wenn ja, wie. Dabei werden unterschiedliche Steuerungsprozesse ausgelöst: Ein Ereignis kann positiv erlebten Eustress oder negativ erlebten Disstress erzeugen. Beispiel: Ein neuer Auftrag kann als Herausforderung erlebt werden oder Angst vor Versagen hervorrufen.

◆ Wahrnehmung und emotionale Balance, die wir im Berufs- und Alltagsleben brauchen, um Dinge richtig einschätzen und zwischen verschiedenen Situationen umschalten zu können, werden bei negativem Stresserleben stark vermindert.

◆ Bei Frauen und Männern werden durch unterschiedliche Hormonausschüttung verschiedenartige Stressreaktionen ausgelöst: Frauen bewältigen Stress eher dadurch, dass sie darüber sprechen. Männer hingegen ziehen sich eher zurück.
Das kann zusätzliche Belastungen und Konflikte zwischen den Geschlechtern erzeugen.

◆ Stressauslöser sind nicht nur unangenehme Ereignisse oder dauerhafte Störquellen aus unserer Außenwelt. Gedanken, Erinnerungen und Gefühle können ebenso Stress erzeugen. „Innenstress" kann uns wie „Außenstress" quälen.

„Zeitnot ist Ansichtssache"
(Stefan Klein)

Unser Hauptproblem ist der Dauerstress!

◆ Primärer Stress – Disstress, der nach einer gewissen Zeit endet – ist für uns nicht schädlich.
◆ Sekundärer Stress – das andauernde Stresserleben blockiert den körperlich-geistig-seelischen Ausgleich und gefährdet längerfristig unsere Gesundheit.
◆ Die Stressfalle besteht in Folgendem: Wer Dauerstress erlebt, bemerkt viele Stressauslöser nicht mehr, weil er entsprechende Wahrnehmungen ausblendet und Gefühle unterdrückt. Das Kernproblem: Symptome von Stress wie Aggressivität, Verspannungen, Kopfschmerzen usw. werden nicht als Signale des Körpers erkannt.

Was bereitet mir Stress – was könnte ihn kompensieren?

Noch nie in der Geschichte waren Anzahl und Formen der Stressauslöser des Berufs- und Privatlebens so groß wie heute. Langfristiger Leistungsabfall (Burnout) und dauerhafte gesundheitliche Schädigungen (eine Liste dazu wäre sehr lang!) werden immer wahrscheinlicher und gefährlicher!

Welche Auslöser Sie persönlich betreffen, welche Ausgleichsfunktionen Ihnen fehlen, können Sie – ohne Anspruch auf Vollständigkeit! – mit dem unten stehenden Fragebogen ermitteln. Die dunkler gekennzeichneten Faktoren erhöhen Ihr Stressrisiko besonders.

Meine Stressauslöser und Ausgleichsfunktionen	Stimmt	Teilweise	Stimmt nicht
Ich verrichte den ganzen Tag über sitzende Tätigkeiten und betreibe keinen Sport.	❏	❏	❏
Ich pflege keine Hobbys und besuche keine Veranstaltungen, die einen Ausgleich für mein seelisches Gleichgewicht darstellen.	❏	❏	❏
Ich habe niemanden, dem ich von meinen Belastungen erzählen könnte.	❏	❏	❏
Wenn ich einen Erfolg erzielt habe, nehme ich mir nicht die Zeit, um mich zu freuen und den Erfolg zu genießen.	❏	❏	❏
Ich muss häufig bei wichtigen Angelegenheiten sehr schnell reagieren und wichtige Entscheidungen treffen.	❏	❏	❏
Das Verhältnis zu Arbeitskollegen, Vorgesetzten oder wichtigen Personen meines Privatlebens ist angespannt.	❏	❏	❏
Ich habe häufig Konflikte bei der Arbeit oder im Privatleben zu bewältigen. Konflikte, die nicht unbedingt offen ausgetragen und gelöst werden.	❏	❏	❏
Andere Leute sagen, ich sei häufig nervös.	❏	❏	❏
Meine berufliche und private Situation ist in manchen Punkten sehr unklar.	❏	❏	❏

Wie kann ich äußere Stressauslöser reduzieren?

Prüfen Sie anhand Ihrer Tagesprotokolle, Spalte 10 „Stress", welche Einflüsse Stress auslösten bzw. welche Tätigkeiten Sie als stressig erlebt haben. Wenn Sie nicht mehr alle Stressauslöser nachvollziehen können, empfehle ich Ihnen, künftig besonders auf solche Faktoren zu achten.

Kürzel	Erläuterung
Spalte 10 Stressauslöser	
S = Stressauslöser	Welche Unterbrecher meines Tagesverlaufs haben Stress ausgelöst? Welche Tätigkeiten habe ich an und für sich als stressig erlebt?

Meine Stressauslöser und Ausgleichsfunktionen	Stimmt	Teilweise	Stimmt nicht
Lob, Anerkennung oder Zuneigung erfahre ich selten.	❏	❏	❏
Am Abend, am Wochenende, im Urlaub kann ich nicht abschalten.	❏	❏	❏
Ich habe ein hohes Maß von Verantwortung zu tragen.	❏	❏	❏
In meinem/unserem Büro herrscht eine große Lautstärke oder Unruhe.	❏	❏	❏
Wenn der Druck, der auf mir lastet, aufhört, bin ich abgeschlagen und kraftlos.	❏	❏	❏
Ich leide unter Kopfschmerzen, Verspannungen, Rückenschmerzen o. Ä.	❏	❏	❏
In vielen Situationen meines Arbeitslebens bin ich gleichzeitig mehreren Stressauslösern ausgesetzt.	❏	❏	❏
Ich habe erst vor Kurzem einen wichtigen Menschen verloren.	❏	❏	❏
Ich habe eine dauerhafte Belastung, Pflege eines Kranken, hohen finanziellen Verlust usw. zu tragen.	❏	❏	❏
Ich habe mit gesundheitlichen Problemen zu kämpfen.	❏	❏	❏

Wie kann ich das subjektive Erleben von Disstress kurzfristig reduzieren?

1. Versuchen Sie äußere Stressauslöser zu eliminieren.

Nur dann hat das Großhirn eine Chance, die Vorverurteilung durch das Zwischenhirn zu körperlicher Stressbereitschaft zu korrigieren und den Innenstress abzubauen.

2. Dann können Sie mit einer Vielzahl von Übungen Ihr Stresserleben reduzieren.

Hier eine kleine Auswahl ganz einfacher Übungen:

- ◆ **Count-down – Get-down**: Zählen Sie in stressigen Situationen einfach von zehn bis null.
- ◆ **Palmieren**: Halten Sie Ihre Hände wie zwei Schalen vor die Augen und atmen zehn bis zwanzig Sekunden ruhig durch. Atmen Sie dabei langsam aus.
- ◆ **Geben Sie Ihrem Kopf „frei"**: Lenken Sie Ihre Sinne (Pause, spazieren gehen, entspannende Musik).
- ◆ **Emotionale Landkarte**: Erstellen Sie diese auf Papier. Setzen Sie Farben ein, malen Sie Symbole. Verbinden Sie Ihre Stichwörter. Durch zeichnerisches Arbeiten schaffen Sie Distanz zu Problemen und fördern einen kreativen Zustand.
- ◆ **Gefühlsregler**: Geht es Ihnen mit einer Situation schlecht, stellen Sie sich einen Regler von 1 (sehr schlecht) bis 10 (sehr gut) vor. Versuchen Sie, immer wenn Sie an die Situation denken, den Regler etwas weiter Richtung 10 zu schieben – bis die Reglerstellung für Sie akzeptabel ist.
- ◆ **Motivationssprüche und entlastende Zitate**: Ein Ausspruch, der mir persönlich oft hilft, stammt von Franz von Assisi, auch als Heiliger Franziskus bekannt:

Oh Herr, gib mir die Gelassenheit, das anzunehmen,
was ich nicht ändern kann,
den Mut, das zu ändern, was ich ändern kann,
und die Weisheit, zwischen beidem zu unterscheiden.

Wie kann ich Dauerstress vorbeugen und vermeiden?

Es gibt viele Möglichkeiten – nehmen Sie sich vor, in jedem der folgenden Bereiche etwas mehr zu tun als bisher:

- ◆ Zeitmanagement: Frühzeitiges Planen, Wichtiges von Unwichtigem unterscheiden, Alternativen suchen.
- ◆ Arbeitsverhalten und Leistungseinstellung: Einen festen Arbeitsrhythmus mit regelmäßigen Pausen pflegen, zwischen beanspruchenden und einfachen Tätigkeiten wechseln, Fehler als Lernchancen erkennen, Erfolge feiern und würdigen.
- ◆ Aktivitäten, die körperlichen, seelischen und geistigen Ausgleich zur Folge haben: Sport, Spiele und vor allem das Spielen mit Kindern, Belletristik oder Musik sind nicht nur Selbstzweck, sondern beugen Stresserleben vor.
- ◆ Positives Denken und emotionale Intelligenz: Das Positive sehen und schätzen, emotionale Entlastungstechniken anwenden, Ängste aufarbeiten lernen – dann darf das Großhirn in stressigen Situationen mitdenken.
- ◆ Entspannungstechniken: Progressive Muskelentspannung nach Jacobsen, Tai-Chi, Yoga, Meditation o. Ä. schaffen mehr Gelassenheit für den Alltag.
- ◆ Gesunde Ernährung mit ausreichender Flüssigkeitsaufnahme, mäßigem Genuss und kontrolliertem Umgang mit Alltagsdrogen.

... und wenn ich bereits unter Dauerstress leide?

Machen Sie sich klar, dass Sie Ihre Lebensqualität, Ihre Beziehungen zu wichtigen Menschen, Ihre Erfolgsaussichten, Ihre Gesundheit aufs Spiel setzen. Es ist höchste Zeit zum Umdenken! Nutzen Sie alle Mittel und Wege, um aus der Stressfalle herauszufinden:

- ◆ Sprechen Sie mit wichtigen Personen aus Ihrem Umfeld: Chef, Kollegen, Partner, Freunde.
- ◆ Scheuen Sie sich nicht, die Unterstützung von Fachleuten zu suchen: Coaches, Supervisoren, Psychologen, Ärzten.
- ◆ Ändern Sie Ihren Arbeitsstil und die Lebensgewohnheiten.

3.11 Machen Sie auch mal Pausen?

Pausen, Puffer und „Partyzeiten" sind nach meiner Erfahrung ein wesentlicher Bestandteil erfolgreichen Zeitmanagements.

- ◆ Pausen dienen der kleinen Regeneration bei Anspannung und Stress. Wir machen Pausen vom Denken und gleichzeitig Pausen zum Denken. Wir legen eine Aufgabe, an der wir gearbeitet haben, kurz zur Seite. Wir unterbrechen eine Besprechung. Damit stehen wir über dem Thema. Oft kommen in Pausen gute Ideen vorbeigeflogen, die das Fortsetzen der Aufgabe oder der Besprechung erleichtern.
- ◆ Pufferzeiten sind die Bandscheiben unseres Zeitmanagements: Sie federn ab und verhindern, dass sich der (Zeit-)Druck von einem Termin zum nächsten fortpflanzt. Pufferzeiten geben unserer Zeitplanung Flexibilität.
- ◆ „Partyzeiten": Keine Sorge – ich möchte Sie jetzt nicht zu Trinkgelagen in der Arbeitszeit animieren.
  Dieser Begriff ist lediglich eine Metapher für die große Bedeutung informeller Kommunikation, z.B. für den lockeren Austausch unter Kollegen, für das Würdigen und Genießen von Erfolgen und für das Loslassen und Abschließen können.

Sie erinnern sich vielleicht an 'Zeit erleben' im Kapitel 2.2: „Was spricht dagegen, unsere Arbeitszeit nicht nur als Maloche zu erleben?" Detailliertere Aussagen zu Pufferzeiten finden Sie im Kapitel 8.5.

Versuchen Sie nachzuvollziehen, welche Rolle diese drei P's in Ihrem Tagesablauf spielen.

Kürzel	Erläuterung
Spalte 11 Pausen/Puffer/„Partyzeit"	
Markieren Sie hier mit Farbschraffur	Wann habe ich eine Pause eingelegt?
	Habe ich Termine gepuffert?
	Habe ich mich mit Kollegen über Aufgaben, Projekte, Neuigkeiten ausgetauscht?

4 Zeitmanagement mit der inneren Uhr

Biologischer und persönlicher Rhythmus

Wir können Zeit als etwas Lineares betrachten, wenn wir sie mit der Uhr messen. Die Uhr ist eine Erfindung des Menschen im Übergang vom Mittelalter zur Neuzeit. Wir unterteilen unsere Zeit in feste Einheiten, in denen wir etwas leisten wollen. In vielen Fällen widersprechen diese Zeiteinheiten unserer Natur. Wir zwingen uns dazu, uns an Zeittakte zu halten.

Zeit besitzt daneben einen natürlichen zyklischen Maßstab: die vier Jahreszeiten und den Wechsel von Tag und Nacht. Zyklische Zeit enthält Phasen des Wachsens und Produzierens und Phasen des Regenerierens und scheinbarer Unproduktivität. Auch eine kulturelle Leistung des Menschen, die Einteilung in Wochen, folgt diesem Wechsel durch die Teilung in Arbeitstage und arbeitsfreie Wochenenden bis zu einem bestimmten Grade.

Dieser zyklischen Zeit haben sich Lebewesen, einschließlich des Menschen, im Laufe ihrer Entwicklung angepasst: Wir haben einen biologischen Rhythmus, eine innere Uhr, eingespeichert.

> Diesem Rhythmus sollten wir uns in unserem Arbeiten anpassen. Zeitplanung kann den natürlichen Wechsel von Leistungsfähigkeit und Regeneration berücksichtigen.

Arbeiten gehen uns dann leichter von der Hand und unsere Produktivität wird verbessert.

Folgen Sie Ihrer inneren Uhr

Herr Planemann berichtet seiner Frau am Feierabend von seiner Arbeit: „Zur Zeit komme ich mit meiner Arbeit überhaupt nicht klar. Bereits morgens um acht ist in unserem Büro die Hölle los. Du weißt ja, vor halb zehn Uhr bin ich nicht besonders fit. Seit zwei Wochen geht das so. Ich finde keinen Rhythmus mehr."

Jeder Mensch hat eine persönliche Tagesleistungskurve. Wenn Sie es schaffen, ihr zu folgen, geht Ihnen Ihre Arbeit leichter von der Hand. Die folgende Abbildung wird uns von mancher Seite aus als die Tagesleistungskurve des Menschen schlechthin verkauft. Viele unter uns haben jedoch ganz andere Zeiten der Leistungshochs und -tiefs. Das hat wohl auch Herr Planemann beklagt.

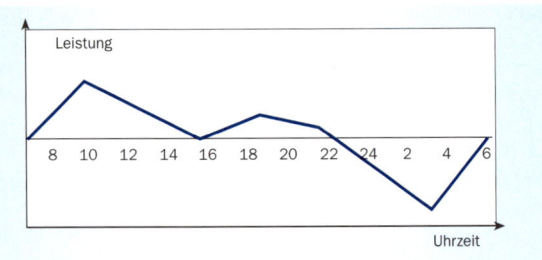

Die „klassische" Tagesleistungskurve

Stellen Sie im folgenden Diagramm Ihre persönliche Tagesleistungskurve dar.

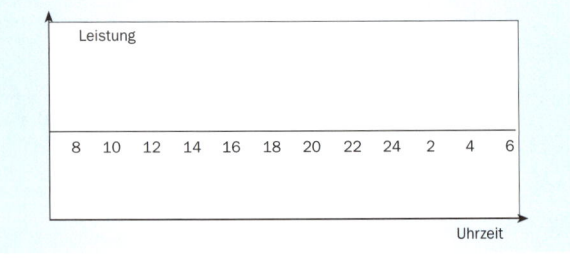

Ihre persönliche Leistungskurve

Wenn es Ihnen möglich ist, dann legen Sie Ihre wichtigen Aufgaben auf die Phasen Ihrer Leistungshochs und verrichten weniger wichtige Tätigkeiten in den Phasen der Tiefs.

> Richten Sie sich eine tägliche stille Stunde ein – in Zeiten Ihrer Leistungshochs.

Räumen Sie sich selbst täglich eine stille Stunde ein, in der Sie sich nur in Ausnahmefällen unterbrechen lassen. Sagen Sie jetzt bitte nicht: „Bei uns ist das völlig unmöglich!" Sie werden vielleicht ein bisschen experimentieren müssen:

◆ Nutzen Sie Anrufbeantworter, Rufumleitung, Mailbox, geschlossene Bürotür, Abschotten durch Mitarbeiter.
◆ Stellen Sie einige Dinge im Tagesablauf und in Ihren Kommunikationsgewohnheiten um.
◆ Stimmen Sie auf jeden Fall die Einführung einer stillen Stunde mit Ihren Kollegen ab.
◆ Ändern Sie gegebenenfalls Ihre Arbeitszeiten.

Wenn das klappt, werden Sie die Erfahrung machen, dass Sie mit mehr Konzentration und Freude Ihre wichtigen Aufgaben erledigen können.

Jede Unterbrechung oder Störung, die uns aus konzentriertem Arbeiten reißt, verschärft den so genannten Sägezahneffekt.

Der Sägezahneffekt

Dieser Effekt beschreibt die im Verlauf des Arbeitstages sinkenden Leistungsspitzen und die zunehmende Anstrengung, uns erneut zu konzentrieren. Besonders Menschen, die in Zeiten ihrer Leistungshochs häufig unterbrochen werden, sind von diesem Sägezahneffekt betroffen.

Dem Sägezahneffekt zu begegnen, ist nicht ganz einfach. Zahlreiche Umstände der Arbeitsumgebung verschärfen den Sägezahneffekt: ein überladener Schreibtisch, eine hohe Geräuschkulisse, ständige Unruhe im Büro, schlechte Belüftung usw.

Die unterschiedlichsten Lebens- und Arbeitsgewohnheiten können ihm Vorschub leisten: schlecht strukturierte Aufgaben, zu wenig Bewegung, zu wenig Flüssigkeitsaufnahme und zu wenig Pausen.

Wir sprachen vorhin von individuellen Leistungskurven. Der amerikanische Chronobiologe Ernest Rossi hat in empirischen Beobachtungen einen weiteren wichtigen Aspekt unserer inneren Uhr gemessen. Ein Leistungszyklus dauert bei Menschen circa eine Stunde und zwanzig Minuten – bei allen beobachteten Personen mehr oder weniger gleich. Der Zyklus besteht aus vier Phasen: nämlich aus drei Phasen relativer Leistungsfähigkeit von je ca. zwanzig Minuten und schließlich einer vierten Phase, in der sich Körper, Geist und Seele erholen wollen. Rossi nennt diese Phase ultradiane Heilreaktion.

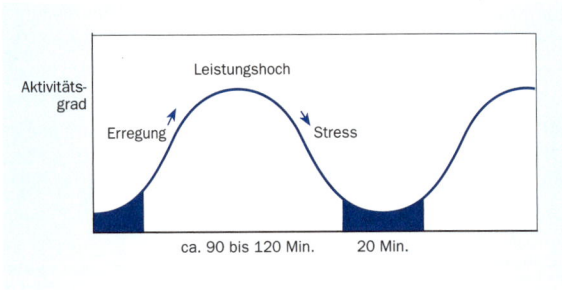

Der ultradiane Leistungsrhythmus

Dieser ultradiane Rhythmus wiederholt sich in Wellenbewegungen den ganzen Tag über, auch wenn die Leistungsspitzen natürlich zu manchen Tages- und Nachtzeiten unterschiedlich ausgeprägt sind.

Wenn wir diese vierte Phase der Erholung übergehen, verbrauchen wir in dieser Zeit besonders viel Energie. Hier wird viel gesündigt: Betriebliche und schulische Pausenregelungen, die Zeiteinteilung von Tagungen oder Sitzungen ignorieren oft diesen Leistungsrhythmus. Dabei sind notwendige Erholungsphasen recht einfach erkennbar, wir haben nur selten gelernt, die Anzeichen für ultradiane Pausen wahrzunehmen. Es können Versprecher beim Reden sein, ein umgestoßenes Glas oder andere „Aussetzer". Es sind Augenblicke, in denen bei einem Meeting die Aufmerksamkeit nachlässt.

Körper, Geist und Seele verlangen nach Pausen zur Regeneration: Luft schnappen, Bewegung, Ruhe und Entspannung und erneutes Konzentrieren. Ernest Rossi belegt eindrucksvoll, dass langfristiges Missachten dieser Zyklen, in denen unsere Natur ihr Recht einfordert, zu Workaholismus und Burnout führen. Sie erkennen die Bezüge zum Thema „Stress"…

Machen Sie rechtzeitig Pausen

Nach meiner Erfahrung ist es nicht erforderlich, dass wir nach einer Stunde konzentrierten Arbeitens für volle zwanzig Minuten auf Nichtstun umschalten. Wenn wir stattdessen zehn Minuten Blumen gießen, den Schreibtisch aufräumen, eine kleine Besorgung erledigen, haben wir unserem natürlichen Pausenverlangen bereits etwas Gutes getan. Überlegen Sie sich bitte anhand der folgenden Tabelle, wie Sie Ihre Zeiteinteilung und Ihre Arbeitsgewohnheiten ändern könnten, um der inneren Uhr zu folgen und letztlich leistungsfähiger zu bleiben.

Die innere Uhr berücksichtigen			
	1.	**2.**	**3.**
Welche Arten von Tätigkeiten leiden unter fehlenden Erholungsphasen?			
Was könnte ich dabei alles anders machen? Suchen Sie mehrere Ideen!			
Was davon werde ich wie umsetzen?			

5 Arbeiten mit einer zyklischen Arbeitsmethode

Strukturierung von Aufgaben in Phasen

Frau Zielstrebig beklagt sich bei einer Freundin: „Gerade als ich meinen Wochenplan aufgestellt hatte, kam ein wichtiger, dringender Job ‚von oben'. Anstatt meine Aufgaben durchziehen zu können, musste ich alles stehen und liegen lassen und diese neue Aufgabe angehen.

Als ich damit fertig war, konnte ich mich nicht mehr konzentrieren. Ich habe mich dann vollkommen verzettelt."

Nicht nur unsere Zeiteinteilung sollte natürlichen Zeitrhythmen folgen. Auch die Gestaltung und Strukturierung von Aufgaben fällt uns leichter, wenn wir eine Arbeitsmethode anwenden,

- ◆ die eine Aufgabe in mehrere feste Phasen einteilt,
- ◆ die mit immer den selben Phasen arbeitet,
- ◆ bei der produktives Tun und Nachdenken wechseln, ebenso wie Anspannung und Entspannung,
- ◆ die Handeln als Prozess versteht, der sich neuen Umständen anpassen kann.

> Eine vertraute zyklische Arbeitsmethode verschafft uns auch in chaotischen Situationen Überblick und Flexibilität und gibt uns dennoch Struktur und Sicherheit.

Besonders unter dem hohen Zeitdruck mit den sich rasch ändernden Anforderungen des modernen Lebens und Arbeitens fehlt uns häufig eine solche flexible und doch Halt gebende Herangehensweise.

5.1 Halbe Problemlösungen

Bei der Bewältigung von Problemen aller Art beobachte ich immer wieder typische arbeitsmethodische Fallen:

1. Der Schnellschuss: Unter Zeitdruck suchen wir nach schnellen Lösungen. Wir vernachlässigen die Randbedingungen, den genauen Zweck einer Aktion oder die Absprache mit beteiligten Personen. Später entdecken wir, wie unbefriedigend die Ergebnisse sind.

   Anstatt uns die Zeit für eine Problem- und Situationsanalyse und eine Zielfindung zu nehmen, machen wir uns sofort an die Erledigung einer Aufgabe.

2. Gute Vorsätze: Manche Aufgaben „stoßen uns als Probleme immer wieder auf" und wir sagen: „Daran müsste ich mal etwas ändern ...".

   Hier ist bereits die Sprache verräterisch. Wenn wir in den Verbformen des „müsste – könnte – sollte" denken, dann bleiben unsere Absichten meist im guten Vorsatz stecken. Wir geraten damit in den Kreislauf der Aufschieberitis. Eine sachliche Aufgabenstellung kann zu einem mentalen Problem ausarten.

3. Die Schmerz-lass-nach-Lösung: Wir leiden bei vielen Aufgabenstellungen unter Problemdruck. Eine Aufgabe belastet uns. Oft lösen wir solche Aufgaben nur bis zu dem Punkt, an dem „der Schmerz nachlässt". Wir suchen lediglich Entlastung, aber eine echte Lösung erreichen wir nicht.

4. Die Blockade: Manche Aufgaben nehmen uns „voll und ganz gefangen". Unser Kopf ist nicht frei. Wir drehen uns gedanklich im Kreis. Wir nehmen eine Aufgabe nicht als Herausforderung, als Chance wahr, sondern nur als Belastung. Eine Lösung gerät somit nicht in unser Blickfeld.

5. Mit dem Kopf durch die Wand: Manchmal neigen wir dazu, eine einmal getroffene Entscheidung umzusetzen, koste es, was es wolle. Ändern sich vor oder während der Umsetzung die Rahmenbedingungen durch neue Ereignisse, werden diese nicht zur Kenntnis genommen. Umsetzungsversuche werden mit einem übermäßigen Aufwand bezahlt oder laufen gänzlich ins Leere.

6. Der vergessene Abschluss: Besonders bei Aufgaben, mit denen wir uns ungern beschäftigen, die uns Ärger bereiten, neigen wir dazu, sofort nach Erledigung die Sache zu vergessen. Wir schließen sie nicht sauber ab. Chancen, aus Fehlern zu lernen, ein Feed-back mit beteiligten Kollegen durchzuführen, werden somit verschenkt.

5.2 Angst vor Planung?

Auslöser für derartige „halbe Problemlösungen" mögen Bedenken sein, dass Planung den Aufwand erheblich vergrößert oder sowieso nicht funktioniert.

Doch dem steht eine Erfahrung aus dem Projektmanagement entgegen: Als goldene Regel gilt, dass sich sorgfältiges Planen vor Beginn der eigentlichen Arbeiten durch vier Vorteile auszahlt:

- ◆ Verminderung der Risiken,
- ◆ Zeitgewinn bei der Umsetzung,
- ◆ bessere Qualität der Ergebnisse
- ◆ und letztlich geringere Kosten.

Auch normale Zeit- und Arbeitsplanung kann diese positiven Effekte auslösen.

> Machen Sie sich auch frei von dem Gedanken, dass Planung immer zu hundert Prozent funktionieren muss!

Wenn Sie zum Beispiel das Ziel haben, bei einer Wanderung gegen Abend eine Berghütte zu erreichen, werden Sie wahrscheinlich eine Wanderkarte mitnehmen. Mit dieser Karte suchen Sie eine Wegstrecke aus. Wenn Sie auf Ihrem Weg plötzlich eine unpassierbare Stelle erreichen, dann können Sie mit der Landkarte eine alternative Strecke wählen. Sie ändern Ihren Plan, um Ihr Ziel erreichen zu können.

Planung soll wie eine Landkarte die Möglichkeit bieten, rasch einen Überblick über eine schwierige Situation zu bekommen und flexibel auf Änderungen zu reagieren.

5.3 Die zyklische Arbeitsmethode: Der Lösungskreis

Diese Arbeitsmethode kennen Sie möglicherweise unter verschiedenen Namen, z.B. Problemlösungskreis oder Managementzirkel.

Wie diese Namen bereits verraten, handelt es sich um ein kreisläufiges, ein zyklisches Modell. Nennen wir es im Folgenden einfach Lösungskreis, denn das erfolgreiche Lösen von Aufgaben oder Problemen ist unser Anliegen.

Im Lösungsprozess durchlaufen wir im Kreis eine Reihe von Schritten, angefangen von der Orientierung bzw. Definition der aktuellen Situation bis hin zum Abschluss unserer Maßnahmen mit einer Bewertung des Erfolgs.

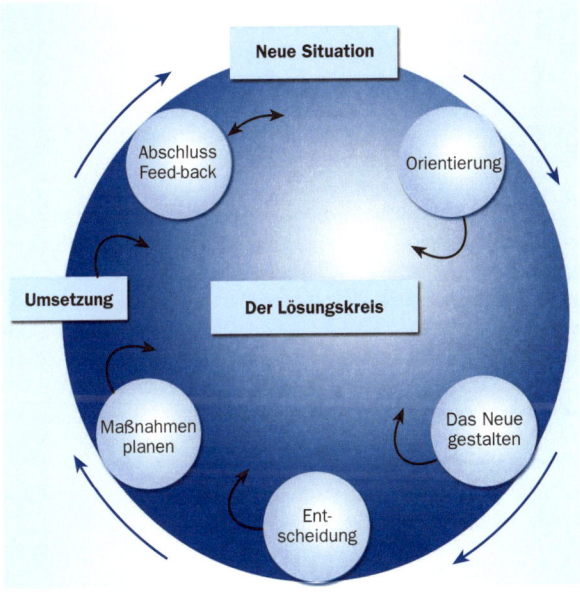

Der Lösungskreis

5.4 Manchmal müssen wir Umwege gehen

An dieser Stelle sollten wir allerdings etwas genauer hinschauen. Nur im Idealfall können wir bei einer Aufgabe alle sechs Schritte des Lösungskreises so richtig schön „durchziehen". Dann ist dieser Lösungsprozess tatsächlich ein kreisläufiger.

Häufig ändern sich während eines Prozesses die Rahmenbedingungen durch ein wichtiges Ereignis. In diesem Fall müssen Situationen neu bewertet, andere Alternativen gesucht, Ziele und Entscheidungen korrigiert werden.

Besonders bei komplexen Zusammenhängen können wir gar nicht alles bedenken, was passieren könnte. Bertolt Brecht lässt in seiner Dreigroschenoper sagen: „Ja, mach nur einen Plan, sei nur ein großes Licht, und mach noch einen zweiten Plan, gehen tun sie beide nicht."

Es ist manchmal wie beim Mensch-ärgere-dich-nicht-Spiel: Zurück zum Start-Feld.

Natürlicher vergrößern unerwartete Ereignisse oft den Aufwand bis hin zu einer Lösung erheblich. Diesen Unwägbarkeiten sollten wir Rechnung tragen,
- ◆ indem wir Veränderungen unser Umwelt wahrnehmen,
- ◆ dadurch dass wir den bisherigen Verlauf einer Aktion mit unserer ursprünglichen Absicht (unserem Ziel) vergleichen,
- ◆ durch die Bereitschaft, die Situation neu zu definieren, Ziele zu modifizieren oder eine andere Strategie zu wählen.

Aus diesem Grund sind in der Abbildung des Lösungskreises im Abschnitt 5.3 rückwärts gerichtete Pfeile eingezeichnet: Ein neues Ereignis kann die Ergebnisse vorheriger Schritte in Frage stellen, sodass diese nochmals durchgeführt werden müssen.

5.5 Die einzelnen Schritte des Lösungskreises

Mit diesem Lösungskreis können wir eine Reihe von Planungssituationen bearbeiten. Eine Variante zum Zielrealisierungsprozess finden Sie später im Abschnitt 7.4.

Im Schema auf der Doppelseite 64/65 sind zu den sechs Schritten jeweils
- ◆ einige typische Fragestellungen angeführt,
- ◆ der Zweck der Phasen wird erläutert und
- ◆ es sind „Leitfiguren" zugeordnet.

> Diese Leitfiguren weisen darauf hin, dass unsere Rolle in einem Lösungsprozess mit jedem Schritt wechselt. Jede Rolle erfordert unterschiedliche Fähigkeiten:

Am Anfang sucht der akribische, geduldige Forscher nach der richtigen Aufgabenstellung, der Erfinder experimentiert und erstellt dann verschiedene kreative Entwürfe. Der Richter bewertet die Sichtweisen und entscheidet klug und kühl. Der Stratege sucht dann den besten Weg, den der Kämpfer großen Schrittes einschlägt. Der Weise, distanziert vom Alltag und mit Muße, denkt schließlich über neue Erkenntnisse aus dem ganzen Problemlösungsprozess nach.

Eine siebte Leitfigur könnte alle sechs Schritte in Reinform verkörpern: Der Künstler, der ein neues Bild malt.

Der Künstler sucht vielleicht zunächst nach einem Motiv, experimentiert dann mit verschiedenen Techniken und Materialien. Er zeichnet vielleicht mehrere Entwürfe, bis er eine genaue Vorstellung des Ergebnisses vor Augen hat. Dann entscheidet er sich und beginnt mit dem Zentrum seines Werkes. An manchen Stellen muss er etwas nachbessern oder Details ergänzen und schließlich setzt er seinen Schriftzug in die Ecke des Bildes und betrachtet sein Werk.

Entdecken Sie das Künstlerische in Ihrer Arbeit. Alles, was wir tun, bietet die Möglichkeit, etwas Neues zu gestalten und etwas noch besser zu machen als bisher!

Der Lösungskreis ...

6. Schritt: **Abschluss**
Fragestellungen: "Was habe ich erreicht?"
"Was kann ich daraus lernen?"
Zweck: Ergebnisse beurteilen; Erfahrungen sammeln; Aufgabe abschließen
Leitfigur: der Weise

Abschluss Feed-back

5. Schritt: **Umsetzung**
Fragestellungen: "Was mache ich als ersten bzw. als nächsten Schritt?"
"Bin ich auf dem richtigen Weg?"
Zweck: Abweichungen beobachten, flexibel anpassen; wenn Wesentliches schiefläuft, neu überdenken
Leitfigur: der Kämpfer

Umsetzung

Maßnahmen planen

4. Schritt: **Maßnahmen und Strategie**
Fragestellungen: "Wie gehe ich vor?"
"Was könnte mich behindern?"
Zweck: Strategie entwerfen, einzelne Schritte festlegen, Hindernisse untersuchen
Leitfigur: der Stratege

... zyklische Arbeitsmethode

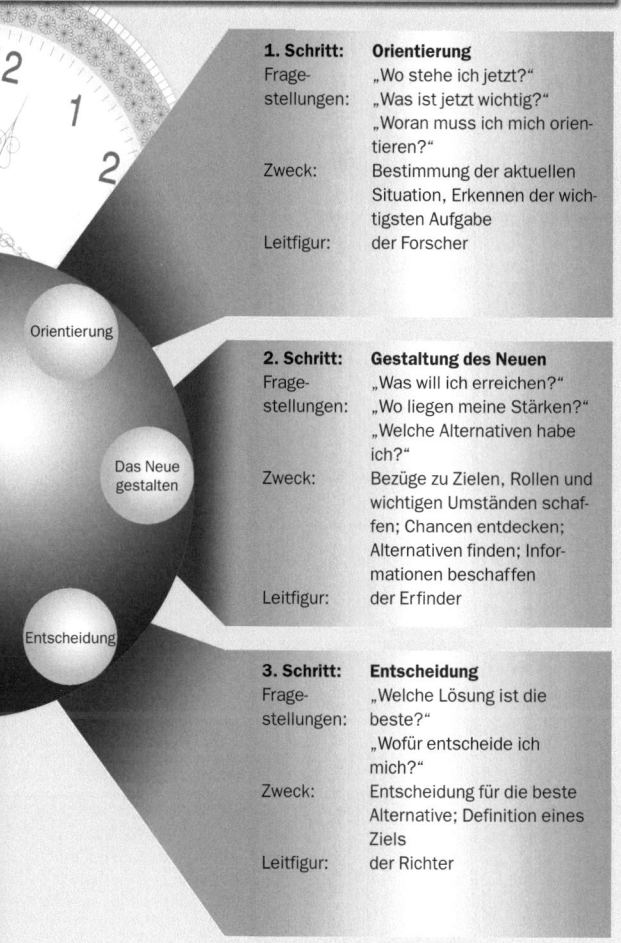

1. Schritt:	**Orientierung**
Fragestellungen:	„Wo stehe ich jetzt?" „Was ist jetzt wichtig?" „Woran muss ich mich orientieren?"
Zweck:	Bestimmung der aktuellen Situation, Erkennen der wichtigsten Aufgabe
Leitfigur:	der Forscher

2. Schritt:	**Gestaltung des Neuen**
Fragestellungen:	„Was will ich erreichen?" „Wo liegen meine Stärken?" „Welche Alternativen habe ich?"
Zweck:	Bezüge zu Zielen, Rollen und wichtigen Umständen schaffen; Chancen entdecken; Alternativen finden; Informationen beschaffen
Leitfigur:	der Erfinder

3. Schritt:	**Entscheidung**
Fragestellungen:	„Welche Lösung ist die beste?" „Wofür entscheide ich mich?"
Zweck:	Entscheidung für die beste Alternative; Definition eines Ziels
Leitfigur:	der Richter

5.6 In welchen Situationen können wir mit dem Lösungskreis arbeiten?

Ich möchte sieben verschiedene Situationen darstellen, in denen der Lösungskreis anwendbar ist. Diese lassen sich in vier Gruppen zusammenfassen.

◆ Regelmäßige Zeitplanung, sie sollte zu festen Zeitpunkten durchgeführt werden, z. B. wöchentlich und täglich (1).
◆ Ziele, Projekte und Aufgaben haben vieles miteinander gemein. Sie werden situativ eingesetzt, wenn entsprechende Vorhaben anstehen (2, 3 und 4 in der Tabelle).

	Planungsform	Situation
1	regelmäßige Zeitplanung	regelmäßig Jahres-, Monats-, Wochen-, Tagespläne erstellen
2	Ziele verwirklichen	Erarbeitung von Zielen und deren Umsetzung
3	neue Aufgaben gestalten	neue Aufgabe in das vorhandene Zeit- und Energiekontingent einpassen und methodisch vorbereiten
4	ein neues Projekt (Einzel- oder Kleingruppenprojekt) planen	Projekt mit unklarem Rahmen (Aufwand, Dauer, Kosten). Mit Risiken ist zu rechnen.
5	Sondieren in Pausen und Pufferzeiten	zwischen zwei Tätigkeiten
6	Umdenken in Zeiten des Leerlaufs	ein Projekt oder eine Aufgabe kommt nicht voran, eine Besprechung verläuft unproduktiv
7	das Chaos bricht herein – task force	ein unerwartetes Ereignis oder eine wichtige/dringende Aufgabe wirft bisherige Planung um. Überblick geht verloren

- ◆ Sondieren in Pausen und Pufferzeiten, als Zwischenschritt zwischen zwei wichtigen Aktivitäten (5).
- ◆ Dann gibt es noch Ausnahmesituationen, in denen Erwartungen nicht erfüllt werden und Dinge aus dem Ruder laufen (6 und 7).

Der zeitliche Aufwand ergibt sich aus den jeweils zu planenden Arbeitseinheiten: Zum Erstellen eines Jahresplans kann man durchaus einen halben Tag verwenden, für das Einstimmen auf die nächste Aufgabe sind bereits fünf Minuten sehr fruchtbar. Bei Projekten sagt man, dass eine gute Planung die halbe Miete für den Erfolg eines Projektes ist.

Planungshorizont	Funktion
je nach Plan	Zeiträume für die einzelnen Maßnahmen und Aufgaben reservieren und strukturieren
bis zum Zeitpunkt der Zielerreichung	Ziele planen und erfolgreich umsetzen
über die Dauer der Aufgabe	die Aufgabe wird analysiert, die optimale Lösung wird vorbereitet
über den Projektzeitraum	Abstimmung mit Beteiligten; Ziele, Strukturen, Dauer und Ablauf müssen vorab definiert werden
über die anstehende Aktivität	gedankliches Abschließen der letzten Tätigkeit; Einstimmen auf die nächste Aufgabe
bis zum Finden eines gangbaren Wegs	konstruktives Arbeiten soll wieder ermöglicht werden (klassisches Feed-back)
bis zum Beenden des Chaos, sodass normales Arbeiten wieder möglich ist	Zeiträume und Ressourcen müssen mit dem geringsten Schaden für andere Aufgaben neu aufgeteilt werden

6 Zeitmanagement der „vierten Generation"

Konzentration auf das Bedeutsame

Die Idee des „Mehr-von-demselben, höher, weiter, schneller" als Leitmotiv des wirtschaftlichen und gesellschaftlichen Fortschritts hat auch das Zeitmanagement geprägt und eine Reihe von Missverständnissen ausgelöst. So können wir wesentliche Forderungen des klassischen Zeitmanagements hinterfragen:

1. Zählen allein Zeitgewinn und Erfolgskontrolle?

Lassen wir dazu Herrn Planemann zu Wort kommen:
„Bereits 1995 habe ich ein Zeitmanagement-Seminar besucht und gelernt, das Eisenhower-Prinzip anzuwenden und eine tägliche Erfolgskontrolle durchzuführen. Sicher habe ich dadurch täglich etwas Zeit gewonnen. Ich kann in den zehn Stunden im Büro jetzt mehr Aufgaben erledigen als vorher. Doch jeden Abend, bei der Erfolgskontrolle, stelle ich fest, dass ich wieder nicht alles Geplante erledigen konnte, sondern auf den nächsten Tag übertragen muss. Das deprimiert mich!"

Lange Zeit wurde Zeitmanagement mit Zeitgewinn durch effizienteres Arbeiten gleichgesetzt. Aufgaben schneller zu erledigen, war die Intention.

Natürlich mussten die Ergebnisse kontrolliert werden. „Den Tageszeitplan zu 100 Prozent erledigt!", so sollte nach der abendlichen Erfolgskontrolle vermeldet werden können. Wer das nicht schaffte, war frustriert, musste an sich zweifeln und sich schließlich als Versager fühlen.

2. Muss das Wichtige und Dringliche sofort erledigt werden?

Auch Herr Planemann zweifelt weiter:
„Beim Eisenhower-Prinzip wurde uns beigebracht: ‚Aufgaben, die sowohl dringend als auch wichtig sind, müssen Sie sich selbst widmen und sofort in Angriff nehmen (A-Aufgaben). Aufgaben von hoher Wichtigkeit, die aber

noch nicht dringlich sind, können zunächst warten, sollten aber geplant, d.h. terminiert bzw. kontrolliert delegiert werden (B-Aufgaben).' (Zitiert aus einem 1995 aufgelegten Bestseller über Zeitmanagement, der Verfasser). Nach diesem Prinzip versuche ich zu arbeiten. Doch jeder Tag bringt mich erneut ins Schleudern. Ständig heisst es ‚Herr Planemann, wichtig!', ‚Dringend!' ‚Bitte sofort!'
Meinen eigentlichen Zielen komme ich so kein bisschen näher. Ständig muss ich sie auf die lange Bank schieben."

Besagtes Eisenhower-Prinzip hat aus meiner Sicht ein falsches Verständnis gebracht: „Was gleichzeitig wichtig und dringlich ist, muss sofort getan werden", schreibt das Feuerwehrmann-Verhalten als Arbeitsprinzip fest.

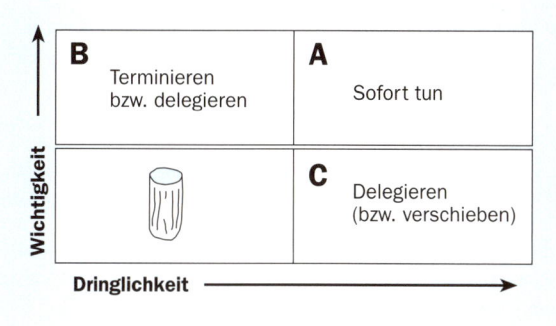

Aufgabenbeurteilung nach dem Eisenhower-Prinzip

Dieses Eisenhower-Prinzip versagt bereits, wenn zwei, drei derartige Aufgabenmonster gleichzeitig über uns herfallen!
„Das wirklich Wichtige im Leben ist selten dringlich!", so schreibt stattdessen der amerikanische Management-Berater Stephen Covey in seinem hervorragenden Buch „Die sieben Wege zur Effektivität".
Und ich ergänze: Das wirklich Wichtige in Unternehmen ist ebenfalls selten dringlich. Es kann auch nicht delegiert werden.

3. Zeitmanagement ist gleich Erfolg?

Herr Planemann räsoniert weiter:

„In meinem Seminar wurde uns vermittelt: ‚Wenn Sie Ihre Zeit besser nutzen, gewinnen Sie in zweierlei Hinsicht:
– Sie steigern Ihre Arbeits- und Leistungserfolge ...
– Sie gewinnen mehr Zeit für andere wichtige Dinge: etwa Freizeit, Familie, Freunde, Fitness ...'
Ich war begeistert, zumal es dann noch hieß: ‚Erfolg bedeutet, die gesteckten Ziele ohne Umweg zu erreichen.' (Wiederum zitiert aus dem oben erwähnten Buch aus dem Jahr 1995, der Verfasser)
Doch welche Umwege muss ich täglich in Kauf nehmen! Mehr Erfolg, mehr Glück? Das kann ich nicht sagen. Mehr Stress allenfalls!"

Zeitmanagement wird teilweise noch heute als Formel verkauft, die ohne Umwege Erfolg garantiert.

- ◆ Dabei wird eine Idealsituation konstruiert, die die Abhängigkeiten, Zwänge und Rahmenbedingungen in unserem Arbeitsleben und die Kollision unserer Lebensrollen miteinander ignoriert. (Sie erinnern sich an das Kapitel 2?)
- ◆ Die gesteckten Ziele ohne Umwege erreichen – wie soll das in einer vernetzten Arbeitswelt mit den Unwägbarkeiten zunehmender Globalisierung funktionieren? Manchmal müssen wir Umwege gehen (siehe Kapitel 5.6).

Fehlende Sicherheit und Orientierung im modernen Leben werden durch scheinbare Sicherheiten der Planungswerkzeuge und leicht eingängige Regeln zum Zeitmanagement ersetzt.

4. Bin ich nur wichtig, wenn ich keine Zeit habe?

Und schließlich fragt sich Herr Planemann:

„Wie würde mein Chef reagieren, wenn er merkt, dass ich tatsächlich Zeit hätte?"

Immer noch herrscht in unserer Gesellschaft der falsche Schluss: Wenn einer keine Zeit hat, dann muss er wichtig sein. Wer dagegen Zeit hat, muss unwichtig oder ein Faulenzer sein. Überlastung als Maßstab für die eigene Bedeutung und den Status eines Menschen?

6.1 Die „vierte Generation" – Zeitmanagement vom Kopf auf die Füße gestellt

In dem bereits erwähnten Buch „Die sieben Wege zur Effektivität" skizziert Stephen Covey drei Generationen des Zeitmanagements. In der Praxis hat sich gezeigt, dass bis einschließlich der dritten Generation das Kriterium der Effizienz überbetont wird. Effektivität, die Ausrichtung auf die wirklich wichtigen Dinge, kommt dagegen zu kurz.

„Zeitmanagement vom Kopf auf die Füße gestellt", ist als Bild vielleicht nicht klar genug. „Hetze und Zeitnot durch Wahrnehmen und Nachdenken ersetzen", darum geht es. Laut Covey müssen wir die wirklich wichtigen Dinge im Leben und Arbeiten erst geistig erfassen:

- ◆ die Orientierung an allen relevanten Rollen im Leben („Ganzheitlichkeit"),
- ◆ die Ausrichtung unseres Handelns auf unsere Werte und Prinzipien (Ethik, Unternehmensphilosophie),
- ◆ das Berücksichtigen der „vier Dimensionen des menschlichen Seins", der physischen, der geistigen, spirituellen und der sozial-emotionalen Seite unseres Wesens,
- ◆ das proaktive Handeln – vorausschauend auf unsere großen Aufgaben und Pflichten, auf die Pflege unserer Beziehungen, ressourcenschonend und -erweiternd handeln.

Der reife, verantwortliche Mensch, der diese wichtigen Dinge in den Mittelpunkt seines Lebens und Arbeitens stellt, wird zum neuen Leitbild des Zeitmanagements der vierten Generation. „Das Wichtige zuerst", so schreibt Covey – von Dringlichem ist nicht die Rede.

6.2 Das verdrehte Eisenhower-Quadrat

Für erfolgversprechender als das Eisenhower-Prinzip halte ich das Modell, das Stephen Covey entwickelt hat.
Er vertauscht die vier Quadranten des Eisenhower-Prinzips und gibt uns Hinweise, welche Tätigkeiten den einzelnen Qua-

dranten zuzuordnen sind. Ich gebe hier eine leicht veränderte Darstellung wieder:

	dringlich	**nicht dringlich**
wichtig	**I A- oder B-Aufgaben** Krisen, dringliche Probleme, Projekte mit anstehendem Abgabetermin, Risikomanagement, Feuerwehraktionen Frage: Was muss sofort getan werden? A: So schnell wie möglich tun B: Anders lösen lernen bzw. delegieren	**II A-Aufgaben** Vorbeugen, neue Möglichkeiten erkennen, neue Risiken prüfen; träumen; Beziehungen pflegen; Ziele entwickeln, planen; sich fortbilden, Projekte abschließen und sich regenerieren Frage: Was ist wünschenswert zu tun? Bevorzugt tun
nicht wichtig	**III C-Aufgaben** Unterbrechungen; manche Post, bestimmte Anrufe und Berichte, unmittelbar dringliche Kleinigkeiten; beliebte Aufgaben, durch die wir uns gerne ablenken lassen Frage: Was sollte ich jetzt nicht bzw. nicht ich tun? Delegieren, rationalisieren oder abstellen	**IV Papierkorb** Triviales, Werbesendungen, Zeitverschwender, angenehme Scheinbeschäftigungen! Fragen: Was ist belanglos? Was kann ignoriert werden? Papierkorb! oder allenfalls „um die Seele baumeln zu lassen"

Coveys Quadrat zur Aufgabenbeurteilung

Wie Sie sehen, werden vor allem Tätigkeiten in den beiden oberen Quadranten anders zugeordnet, als wir es vom Eisenhower-Prinzip und manchen Darstellungen der ABC-Analyse kennen, bei denen Dringlichkeit ein mögliches Merkmal für A-Aufgaben ist.

Manche Tätigkeiten im Quadranten II, die landläufig unter dem Verdacht des Zeitvertrödelns stehen, bekommen eine völlig neue, weil zukunftsorientierte Wertigkeit. Eine Reihe von Regeln für Zeitmanagement ergibt sich aus Coveys Quadrat:

◆ Handeln Sie proaktiv!
◆ Pflegen Sie Beziehungen!
◆ Bedenken Sie Chancen und Risiken!
◆ Denken Sie an Ihre eigenen Ressourcen!
◆ Widmen Sie sich Ihren Zielen und Visionen!

Wenn Sie sich auf Quadrant-II-Aufgaben konzentrieren, sorgen Sie dafür, dass „das Kind nicht in den Brunnen fällt", schaffen neue Beziehungen, kommunizieren mit Partnern und Kollegen, verändern Strukturen und Abläufe, geben Wissen weiter und schaffen schließlich Synergieeffekte.

Wenn Sie sich überwiegend mit dem Quadranten I herumschlagen, dann müssen Sie sich von Dringlichem stressen lassen, dürfen keine Rücksicht auf die eigenen Energiereserven nehmen, haben keine Zeit für kontinuierliche Qualitätsverbesserung und für die Pflege wertvoller Beziehungen. Sie spielen Feuerwehr.

6.3 Für welchen Quadranten arbeiten Sie bevorzugt?

Jetzt greifen wir die letzte Spalte Ihrer Tagesprotokolle (Abschnitt 3.2) auf. Sie können daran die Wertigkeit Ihrer Tätigkeiten überprüfen und den vier Quadranten zuordnen. Tragen Sie Ihre Zuordnungen in der Spalte 12 „Quadrant" ein. Zur Kontrolle können Sie diese mit den Spalten Dringlichkeit und Wichtigkeit vergleichen. Beurteilen Sie manche Aufgaben mittlerweile anders?

Kürzel	Erläuterung
Spalte 12 Quadrant	
I = Quadrant I	wichtige und dringliche Aufgaben, Feuerwehrfunktion
II = Quadrant II	langfristig wichtige Aufgaben, bedeutsam für meine oder die Unternehmensziele
III = Quadrant III	weniger wichtige und dringliche Dinge
IV = Quadrant IV	eigentlich ein Fall für den Papierkorb

Als Ergebnis der Auswertung bekommen Sie einen Überblick, welche Tätigkeiten in den Quadranten III und IV reduziert werden sollten, um Ihren Zeitbedarf zu entlasten und die ziel- und nutzenorientierte Zeitplanung zu fördern.

6.4 Zeitmanager der „vierten Generation" werden

Wenn die Ideen des Zeitmanagements der vierten Generation Sie überzeugt haben, dann werden Sie sich jetzt bestimmt die Frage stellen:
Und wie schaffe ich das, Zeitmanager der vierten Generation werden?
Einen Anfang haben Sie bereits gemacht, wenn Sie Ihre Tagesprotokolle analysiert haben.

Zwei Ausgangssituationen

Stephen Covey beschreibt u.a. zwei Ausgangssituationen: Die meisten Menschen geben sich zu viel mit Tätigkeiten ab, die den Quadranten III und IV zuzuordnen sind: zu viele Nebensächlichkeiten, zu wenig Kooperation und Delegation, zu viel Verzettelung.
Diese Arbeitsauftailung findet sich besonders bei Arbeitnehmern, die nicht direkt in der Verantwortung stehen.
Sie ist die klassische „Vorgänge abwickelnde" Arbeitsweise, die Gefahr läuft, bürokratisch zu sein, und manche Auswüchse erzeugt, um ihre Daseinsberechtigung zu erhalten.

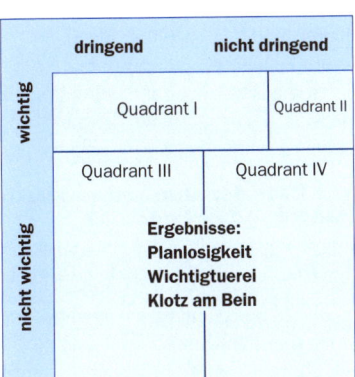

Bisheriger
Arbeitsschwerpunkt:
Quadrant III und IV

Die zweite typische Ausgangssituation ist vor allem bei Managern und Führungskräften vertreten. Unter Führungskräften gilt häufig folgende Gleichung:

Dauerstress + unentbehrlich sein = Erfolgsnachweis

	dringend	nicht dringend
wichtig	Quadrant I **Ergebnisse: permanentes Krisen- management**	Quadrant II
nicht wichtig	Quadrant III	Quadrant IV

Bisheriger
Arbeitsschwerpunkt:
Quadrant I

Konsequenz derartigen Handelns ist nicht selten das Fortschreiben eines suboptimalen Arbeitseinsatzes, permanentes Krisenmanagement und andauernde Überlastung. Folgen sind nicht selten Probleme in der Familie und gesundheitliche Konsequenzen bis hin zum Managersyndrom.

Wie kann der Anteil an vorausschauendem aktivem Handeln erhöht werden?

1. Reduzieren Sie zunächst Aufgaben, die den Quadranten III und IV zuzuordnen sind. Anhaltspunkte dafür gibt es genügend:

- Zeitfresser und Störer eliminieren,
- öfter Nein sagen,
- unwichtige Vorgänge nur einmal in die Hand nehmen,
- delegieren, standardisieren und (weg-)rationalisieren.

2. Sie gewinnen dadurch Zeit für Tätigkeiten in den Quadranten I und II. Konkret bedeutet das, dass Sie

- die Vielzahl Ihrer Quadrant-I-Tätigkeiten abarbeiten und reduzieren können,
- vorausschauende Aktivitäten im Sinne des Quadranten II nach und nach angehen können.

Sie werden immer mehr die Erfahrung machen, dass weniger Pannen passieren, dass Sie vorausschauender arbeiten können.

3. Mit der Zeit beginnen sich Quadrant-II-Aktivitäten zu amortisieren.

Der Aufwand für Quadrant-I-Tätigkeiten beginnt zu sinken. Sie haben Zeit gewonnen, um Ihre Ressourcen noch effektiver und schonender nutzen zu können. Sie arbeiten weiter an Qualitätsverbesserungen im Sinne des Quadranten II.
Sie werden in Ihrer Arbeit mehr Balance und Identität erleben!
Sie werden Zeit gewinnen und mehr von Ihrer Zeit erleben und genießen können.

Auf den Punkt gebracht:

Sehen wir die Kapitel 5 und 6 noch einmal im Zusammenhang und blicken nach vorn auf die Kapitel 7 und 8.

◆ Zeitmanagement benötigt einen Rhythmus und eine Methode, die sich möglichst leicht und elegant in die Arbeitsroutine integrieren lassen: einen Rhythmus, der möglichst zu festen Zeitpunkten der Woche, des Tages, zwischen wichtigen Aktivitäten und bei Eintritt von unerwarteten Ereignissen einsetzt. Eine Methode wie den Lösungskreis, der das jetzt Anstehende als zyklische Folge von Arbeitsschritten begreift.

In dieses Konzept von Zeitmanagement lässt sich eine Vielzahl von Werkzeugen, Planungshilfsmitteln und Regeln des Zeitmanagement integrieren und sinnvoll einsetzen:

◆ Zeitmanagement der vierten Generation mit seinem „Quadrant-II-Denken" hilft uns dabei: Orientierung am wirklich Wichtigen, vorausschauendes proaktives Handeln, Planung in Wocheneinheiten anstatt des bloßen Blickes auf den aktuellen Arbeitstag, frühzeitiges Erkennen von Chancen und Risiken.

Was nun weiter gebraucht wird, sind Regeln des Zeitmanagements, vor allem zum Planen, zum Bewältigen auch chaotischer Arbeitstage, unter Beachtung der inneren Uhr. Die Anwendung dieser Regeln kann durch geeignete Planungshilfsmittel unterstützt werden.

7 Ziele

Vorgaben für das tägliche Zeitmanagement

Ziele und Zeitmanagement sind mehrfach verflochten:
- Zeitmanagement liefert einen Teil der Werkzeuge, um Ziele jedweder Art zu erreichen.
- Zielformulierung ist Bestandteil von Zeitmanagement. Auch wenn Sie eine Formulierung Ihrer Ziele eher als Teil eines umfassenden Selbstmanagements oder des Unternehmensmanagements verstehen, ist doch die Frage „Was will ich mit einer Aufgabe erreichen, die ich gerade in meinem Timer fixiere?" ein Bestandteil der Zeitplanung.
- Ihr Zeitmanagement zu verbessern, mag im Moment selbst eine Zielvorstellung von Ihnen sein.

Grundsätzlich formulieren wir Ziele, wenn wir etwas (vielleicht Neues) erreichen oder etwas verändern wollen.

Warum „funktionieren" Ziele manchmal nicht?

So hat Frau Zielstrebig mit ihren Zielen keinen Erfolg. Sie berichtet: „Alle reden ständig von Zielen, wie wichtig die wären. Bei mir klappt mit Zielen nichts. Ich habe mir für dieses Jahr drei große Ziele vorgenommen: Mein Chef hat mir die Zielvorgabe aufs Auge gedrückt, durch zusätzliche Kundenbesuche 20 % mehr Umsatz einzufahren als im Vorjahr. Ich selbst habe mir vorgenommen, das Rauchen aufgeben. Bloß, wenn ich dann ständig unterwegs bin auf Kundenbesuchen … Ständig Stress, und dabei das Rauchen aufgeben? Mein drittes Ziel: Ich würde unheimlich gerne eine große Trekking-Tour machen, in der Wildnis. Irgendwie würde ich gerne mal was richtig Tolles erleben. Aber ich komme mit meinen Zielen nicht voran!"

7.1 Zielvorstellungen und Typen von Zielen

Frau Zielstrebig beschreibt drei Zielvorstellungen, von denen sie glaubt, dass es sich um Ziele handeln würde. Doch sie formuliert lediglich Zielvorstellungen: Grobvorstellungen, vage und unverbindlich, mit Blick auf das Negative, von dem sie sich lösen will, ohne Motivation und verändernde Kraft.

Häufig geben wir uns mit Zielvorstellungen zufrieden und wundern uns, dass wir nicht ans Ziel kommen. Unterscheiden wir zunächst einmal:

- ◆ Fremdbestimmte Ziele – müssen zumindest selbst-akzeptierte Ziele werden. Andernfalls fehlt ihnen die motivierende Kraft. Sie bleiben bloße Verpflichtungen. Das Umsatzziel von Frau Zielstrebig ist ein fremdbestimmtes Ziel, das sie selbst nicht akzeptiert zu haben scheint.
- ◆ Selbstbestimmte Ziele – brauchen eine Vision, eine klare Vorstellung, wie das angestrebte Neue sein wird, wenn wir das Ziel erreicht haben. Das Rauchenaufgeben ist zwar selbstgewählt. Aber man muss wissen, wo man eigentlich ankommen will, wie ein Leben ohne Rauchen sein wird.
- ◆ Probleme als Auslöser einer Zielsetzung – häufig hängt uns die Problemseite, das So-nicht oder das Weg-von im Kopfe. Es gelingt uns nicht, die Blickrichtung zu wechseln zu einem Wie-anders, zu möglichen Lösungen. Dabei sind Problemlösungen nur eine andere Sichtweise des Problems: die positive Kehrseite der Medaille sozusagen.
Frau Zielstrebig sieht beim Rauchenaufgeben nur die Problemseite. Ebenso der Chef bei den mäßigen Umsatzzahlen von Frau Zielstrebig.
- ◆ Wünsche als Auslöser einer Zielsetzung – Wünschen fehlt häufig die Klarheit und der Realitätsbezug. Frau Zielstrebigs Trekking-Tour verrät dies durch Formulierungen wie „würde ich gerne" oder „irgendwie / irgendwo".
Wünsche sind wertvolles Rohmaterial für Ziele. Es fehlt ihnen jedoch der Bezug zu Lebensumständen und Umwelt, zur Realität. Oft sind sie mehr von anderen Menschen abhängig als von unserem eigenen Einfluss.

Wir finden in dieser Typisierung bereits einige Hinweise darauf, was echte Ziele ausmacht: selbst-akzeptiert müssen sie sein, Motivation, Vision, positive Sichtweise, Klarheit und Realitätsbezug sind notwendige Zutaten.

„Wer den Hafen nicht kennt, in den er segeln will, für den ist kein Wind ein günstiger." (Seneca d.J.)

7.2 Zielformulierung – Was echte Ziele ausmacht

Sich Ziele zu setzen und zu verfolgen bedeutet, Verantwortung für berufliche Aufgabenbereiche bzw. das eigene Leben zu übernehmen. Das erfordert Mut und die Bereitschaft, einen als richtig empfundenen Weg zu gehen.
Eine Zielvorstellung, eine Idee mag ganz von allein entstehen. Ein Ziel selbst muss dagegen erarbeitet werden.

> Die Zielformulierung kommt vor der Zielrealisierung.

Gut formulierte Ziele erfüllen eine Reihe von Bedingungen. Häufig werden die folgenden rationalen Kriterien aufgezählt, die ich als Überprüfbarkeitskriterien bezeichnen möchte:

Überprüfbarkeitskriterien: Gut formulierte Ziele sind …	Erläuterung
schriftlich fixiert	Die Schriftform zwingt uns zu intensiver Auseinandersetzung. Sie schafft Klarheit und Verbindlichkeit.
zerlegbar in Teilziele und Maßnahmen	Ziele selbst können wir nicht ausführen („handeln"), nur Maßnahmen im Hinblick auf ein Ziel.
terminierbar und in einen Zeitplan integrierbar	Fixieren Sie einen Zielerreichungstermin und den Beginn von zielführenden Maßnahmen.
quantitativ und qualitativ überprüfbar	Finden Sie Zielgrößen, Maße und Maßstäbe, um überprüfen zu können, was als Zielerreichung gilt und was nicht.

Ein wichtiger Aspekt von Zielen wird in vielen Beschreibungen des Themas übersehen:

> Gut formulierte Ziele brauchen handlungsleitenden Charakter.

Nur wenn unsere emotionale Seite, unser Unterbewusstsein, einem gesteckten Ziel zustimmt, sind wir in der Lage, uns kraftvoll auf den Weg zu machen.
Besonders kraftvoll und handlungsleitend sind solche Ziele,

die von einer Vision getragen werden. Visionen sind sinnliche Vorstellungen über einen Zustand, den wir erreichen wollen. Unser Unterbewusstsein verbindet Visionen mit intensiven Sinnesvorstellungen und Gefühlen. Visionen erzeugen einen roten Faden auf manchmal verschlungenen Wegen zum Ziel: Wir bemerken leichter, wann wir vom Weg abkommen. Wir wissen genau, wann wir ein Ziel erreicht haben. Folgende Umsetzbarkeitskriterien erleichtern und ermöglichen oft erst den langen Weg zum Erreichen eines großen Zieles:

Wenn Sie Ziele formulieren, sollten Sie intensiv an der Erfül-

Umsetzbarkeitskriterien: Gut formulierte Ziele sind …	Erläuterung
Nutzen bietend und positiv formuliert	Ziele schaffen einen wahrnehmbaren Nutzen. Dieser Nutzen muss positiv formuliert werden (Hin-zu, nicht Weg-von wie beim Beispiel des Rauchenaufgebens)
mit Kraft, Glaube und Vision ausgestattet	Diese Zutaten geben uns die nötige Motivation zum Handeln, besonders wenn wir auf Schwierigkeiten stoßen.
in der Gegenwart (Präsens) formuliert	Die Formulierung im Präsens hilft, sich mit dem Ziel ernsthaft zu identifizieren.
aus eigener Kraft erreichbar	Ziele, die entscheidend auf der Initiative anderer beruhen, sind keine Ziele, sondern Wünsche.
haben das richtige Kaliber	Weder zu niedrig noch zu hoch angesetzte Messlatten motivieren zur Zielerreichung.
berücksichtigen Auswirkungen	Zielerreichung hat Konsequenzen, löst Veränderungen aus, die wir vorher berücksichtigen sollten, damit sie nicht später zur Belastung werden.
mit Betroffenen abgestimmt	Bei manchen Zielen brauchen wir Helfer, die mehr als nur Handlanger sind. Entsprechend sollten wir sie bei der Konkretisierung von Zielen einbeziehen.
passen in das Wert- und Zielsystem	Diesen Aspekt verfolgen wir im nächsten Abschnitt.

lung dieser Eigenschaften feilen. Nur gut formulierte Ziele besitzen eine magnetische Kraft. Sie bündeln unsere Energie und die Fähigkeiten unseres Unterbewusstseins auf das Erreichen des Zieles hin.

Ein ausformuliertes Ziel – „Im nächsten Jahr möchte ich 30 % weniger Zeit für Besprechungen aufwenden" – besitzt unter Umständen keinerlei verändernde Kraft.

Mit einer vergleichenden Formulierung wie „Ich möchte weniger ..." oder einer Negation wie „Ich möchte nicht mehr ..." kann unser Unterbewusstsein wenig anfangen. Das Unterbewusstsein verweigert seine Unterstützung. „30 % weniger Besprechungen" taugt als motivierendes Ziel also nicht.

Ein Ziel sollte unbedingt positiv formuliert sein.

Also etwa: „Ich habe im kommenden Jahr täglich eine Stunde mehr Zeit, um ungestört am Erfolg meiner Projekte zu arbeiten. Dafür verbringe ich 30 % weniger Zeit in Besprechungen."

Die Qualität unserer Ziele bestimmt die Qualität unserer Zukunft. (Josef Schmidt)

Bei der Erarbeitung stimmiger Ziele empfehle ich Ihnen, den nebenstehenden Fragebogen einzusetzen.

7.3 Ziele einordnen – Zielkonflikte und Zielhierarchien

Ziele stehen selten für sich allein. Wir haben ja schließlich mehrere Ziele: ein Zielgeflecht. Jedes einzelne Ziel ist bezogen auf andere, insbesondere übergeordnete Ziele.

Ziele müssen in unser Wert- und Zielsystem passen.

Dabei begegnen wir zwei Konfliktformen, die das Erreichen von Zielen blockieren und gefährden können. Werden derartige Zielkonflikte nicht erkannt, führen sie häufig zu Verzögerungen und Stillstand, zu Mehrarbeit oder zu Streit und zum Scheitern eines Vorhabens.

Zielformulierung	
Was genau ist mein Ziel? (Beachten Sie hier die Überprüfbarkeitskriterien und die positive Formulierung im Präsens.)	
Woran kann ich erkennen, dass ich das Ziel erreicht habe? (Vielleicht haben Sie dabei ein Bild vor Augen?)	
Welche eigenen Fähigkeiten stehen mir dabei zur Verfügung?	
Wer oder was kann mir helfen, das Ziel zu erreichen?	
Welche Handlungen sind zum Erreichen des Zieles erforderlich?	
Auf wen oder was hat das Erreichen des Zieles welche Auswirkungen?	
Was könnte das Erreichen des Zieles behindern?	
Womit könnte ich mich selbst behindern?	
Was für ein Motiv könnte dahinterstecken, mich selbst zu behindern?	
Was könnte mir helfen, die Behinderungen zu umgehen? (Suchen Sie hier mindestens drei Möglichkeiten.)	
Womit werde ich beginnen?	

Bewertungskonflikte

Manchmal werden uns Ziele von anderen vorgegeben oder zumindest so von uns erlebt. So ist es auch im Falle von Frau Zielstrebig. Die Zielvereinbarung zwischen ihrem Chef und ihr über die Umsatzvorgabe war wohl nur eine halbe Sache. Sie erlebt die Umsatzvorgabe als aufgesetzt. Es gelingt ihr nicht, dieses Ziel voll und ganz zur eigenen Sache zu machen. Kundenbesuche und Außendienst scheinen ihr gegen den Strich zu gehen. Stimmen vorgegebene Ziele oder auch „selbst-aufgesetzte" Ziele nicht mit der eigenen Person überein, widersprechen sie dem Gefüge aus Werten, Einstellungen und sozialen Normen.

Werte, Einstellungen und soziale Normen sind sehr stabil in uns verankert. Sie beeinflussen das Erreichen von Zielen entscheidend. Es sind Beurteilungsmuster, die wir im Laufe unseres Lebens angesammelt haben. Viele dieser subjektiven Muster (z.B. schlechte Erfahrungen) behindern unsere Entwicklung.
Konflikte zwischen einem vorgegebenen Ziel und dem emotionalen Bezug werden häufig nicht bemerkt. Sie äußern sich in Symptomen, z.B. durch Aufschieberitis oder anderes Vermeidungsverhalten. Diese Konflikte allein zu knacken, ist nicht ganz einfach. Versuchen Sie es zunächst mit dem oben dargestellten Fragebogen „Zielformulierung". Bei wichtigen Zielbewertungskonflikten sollten Sie sich professionelle Hilfe durch Coaching gönnen. Mit professioneller Hilfe erkennen Sie blinde Flecken in Ihrer Wahrnehmung und springen über manche Hürde.

Zielhierarchiekonflikte

Eigene Ziele stehen bei näherem Betrachten selten neutral nebeneinander. Sie können in Widerspruch zueinander stehen und sich gegenseitig blockieren.

So scheint es auch bei Frau Zielstrebig zu sein: Das Rauchen aufzugeben fällt ihr wohl auch deswegen schwer, weil sie bei den Kundenbesuchen, die für das Umsatzziel erforderlich sind, besonders unter Stress gerät. Sie glaubt, dass Zigaretten das kompensieren.

Ziele müssen in unser Zielsystem, in unsere Zielhierarchie eingepasst werden. Es geht hier sozusagen um die „Umweltverträglichkeit" unserer eigenen Ziele. Diese Zielwidersprüche sind nur schwer erkennbar.

Versuchen Sie, Ihre berufliche und privaten Ziele in eine Hierarchie zu bringen.

Ich empfehle Ihnen dazu, eine Liste Ihrer Ziele, ein Zielinventar, zu erstellen – als Tabelle mit mindestens folgenden Spalten:
◆ Kurzbezeichnung des Zieles
◆ erreicht bis …
◆ Priorität

Manche Zeitplansysteme, v.a. Zeitplanbücher, enthalten bereits entsprechende Formulare.
Ein solches Zielinventar ermöglicht Ihnen zunächst, Ihre Ziele immer wieder zu überprüfen. Doch auch bei Zielkonflikten kann ein Zielinventar hilfreich sein. Dabei hilft oft die Klärung der Frage, welches von zwei konkurrierenden Zielen wichtiger ist. Klopfen Sie beim Überprüfen Ihrer Zielhierarchie die einzelnen Ziele gegeneinander ab.

> Modifizieren Sie gegebenenfalls einzelne Ziele, bis sie in Ihren Zielkatalog passen.

Das folgende Beispiel zeigt einen denkbaren Lösungsweg für Frau Zielstrebig, in dem sie sich zwei weitere Fragen über den gegenseitigen Einfluss ihrer Ziele stellt:

Zielinventar		
Zielformulierung/ Kurzbezeichnung	Behindert ein anderes Ziel dieses Ziel?	Wie könnte ein Ziel das andere fördern?
Umsatzerhöhung um 20 %		Wenn ich den Umsatz schaffe, belohne ich mich mit der Trekking-Tour.
Trekking-Tour		
endlich rauchfrei sein	Der Außendienst stresst mich, ich habe das Gefühl, rauchen zu müssen.	Bei einer Trekking-Tour behindern mich Zigaretten. Ich höre einfach auf zu rauchen!

Damit wird der Zielhierarchiekonflikt entschärft und das Arbeiten an verschiedenen Zielen kann sich sogar gegenseitig fördern. Synergieeffekte werden plötzlich auftreten.

Der Weg zum Ziel

Den Weg zum Ziel können wir in zwei Hauptetappen einteilen: in die Zielformulierung und in die Zielrealisierung. Auch bei unserer Arbeit mit und für Ziele hilft uns eine spezielle Variante des Lösungskreises, methodisch den Überblick zu behalten. Einer Besonderheit bei der Arbeit an Zielen sollten wir noch Beachtung schenken: Die Reihenfolge der ersten drei Schritte der Zielformulierung gerät manchmal durcheinander.

Wenn wir beispielsweise einen Auftrag von einem Kunden erhalten oder wenn uns eine Aufgabe delegiert wird, dann bekommen wir die Zielformulierung unter Umständen frei Haus serviert. Wir befinden uns dann direkt im 3. Schritt, dem der

	Phase	Tpyische Fragen
Zielformulierung	1 Orientierung	„Wie soll es sein – und wie ist es?" „Was will ich?"
	2 Gestaltung des Neuen	„Was ist mein großer Traum?" „Welche Stärken könnten uns helfen?"
	3 Entscheidung	„Was genau will ich erreichen?"
Zielrealisierung	4 Maßnahmen planen	„Wie ist der erste Schritt? – Wie sind die weiteren Schritte?" „Was könnte mich behindern?" „Was könnte mir helfen?"
	5 Umsetzung	„Jetzt voran!" (Motivation) „Läuft es in die richtige Richtung?" „Stimmt etwas nicht? – Wie sollte ich damit umgehen?"
	6 Zyklus beenden	„Was habe ich erreicht?" „Was war nicht so gut? – Was werde ich beim nächsten Mal besser machen?" „Das habe ich gut gemacht!"

Der Lösungskreis – Ziele formulieren und realisieren

Entscheidung – Annahme ja oder nein. Weniger wichtig ist dabei die Frage, ob die Reihenfolge wie im Lösungskreis dargestellt eingehalten wird. Wichtiger ist, die noch fehlenden Schritte nachzuholen und die Zielformulierung vollständig durchzuarbeiten.

7.4 Zielrealisierung – Ziele in Maßnahmen umsetzen

Mit einer präzisen Zielformulierung haben wir einen wichtigen Teil des Wegs geschafft. Einen Überblick über die gesamte Wegstrecke hin zum Erreichen eines Zieles bietet Ihnen die Darstellung auf der folgenden Seite.

Hauptinhalte
Soll-Ist-Vergleich (Datenanalyse, Benchmarking), Problem oder Wunsch wahrnehmen
Visionen, bei problemorientierten Zielen die Kehrseite (positiven Wunsch) erkennen, Ressourcen für Zielerreichen (eigene Stärken, Helfer und Hilfsmittel)
Im Rahmen der präzisen Zielformulierung findet die Entscheidung für ein Ziel statt (schriftlich!)
Hindernisse berücksichtigen, Strategie entwerfen, einzelne Schritte festlegen, Delegationsmöglichkeiten suchen
Schritt für Schritt gehen, sich selbst motivieren, Abweichung beobachten, flexibel anpassen, neu überdenken, wenn Wesentliches schiefläuft
Zielerreichung kontrollieren, Fehler analysieren, um daraus zu lernen, Erfolge feiern – loben – anerkennen

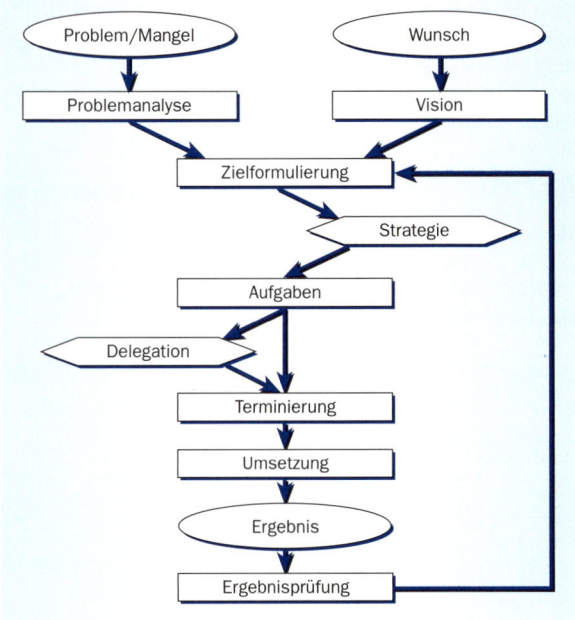

Der Weg zum Ziel

Nun folgt die zweite Hauptetappe – die Zielrealisierung:
- Große Ziele sollten in Teilziele heruntergebrochen werden.
- Maßnahmen müssen als Einzelschritte auf dem Weg zur Zielerreichung formuliert werden.
- Manche Einzelschritte können delegiert werden.
- Gute Beziehungen zu anderen Menschen zahlen sich jetzt aus: Wir können sie um Mithilfe bitten.

Dabei empfiehlt es sich, einen Maßnahmenplan zu erstellen. Ein Maßnahmenplan enthält alle Aktivitäten und Aufgaben, die sich auf ein Ziel beziehen. Auch derartige Maßnahmepläne sind in vielen Zeitplanungssystemen als Formulare zu finden.

Ein entsprechendes Formular sollte pro Ziel folgende Spalten aufweisen:
- (konkrete Benennung der) Maßnahme,
- Hilfe durch/delegiert an,
- Stolpersteine,
- Priorität,
- Reihenfolge,
- Termine, d.h. „Beginn am" und „Fertig am".

Für unsere tägliche Arbeit ist es wichtig, einen Überblick über alle Aktivitäten des Tages auf einem bzw. zwei Formularen zu erhalten. Daher sollten die einzelnen Maßnahmen mit Terminen in einen Kalender und solche ohne Terminfixierung in eine Aufgabenliste übertragen werden. Mehr dazu finden Sie im Kapitel 8.4.

Bei überschaubaren Zielen können wir schließlich in die Rolle des Kämpfers schlüpfen (Sie erinnern sich vielleicht an diese Leitfigur), um den ersten Schritt der Umsetzung zu gehen.

Bei komplizierten oder gar komplexen Zielen, wir bezeichnen sie häufig als Projekte, sind noch weitere Überlegungen erforderlich. Diese Ziele bestehen aus zahlreichen Einzelschritten, die sich ggf. gegenseitig bedingen oder noch gar nicht alle feststehen.

- Logische und zeitliche Abhängigkeiten werden auf Reihe gebracht,
- Abstimmung mit Beteiligten und Betroffenen ist erforderlich,
- strategische Fragen müssen geklärt werden.

Dabei kann es erhellend sein, verschiedene Szenarien „im Sandkasten" durchzuspielen und zu vergleichen.

7.5 Der Abschluss – Zielkontrolle, Feed-back und Erfolge feiern

Gehen wir davon aus, dass ein Ziel erreicht ist. Häufig unterlassen wir den letzten Schritt eines wichtigen Projektes und Veränderungsprozesses: den Abschluss.

Der Abschluss eines Vorhabens kann eine Reihe wertvoller Funktionen erfüllen:

1. Zielkontrolle und Ergebnisprüfung

Jedes Ziel – auch ein nicht erreichtes – hat Konsequenzen und löst Veränderungen aus. Stellen Sie sich einige grundsätzliche Fragen:
- War das Ziel richtig gewählt?
- Was hat sich durch das Projekt oder den Veränderungsprozess tatsächlich verändert?
- Haben wir das ursprüngliche Problem tatsächlich gelöst?
- Haben wir das gesteckte Ziel in der erwünschten Qualität erreicht?

2. Qualitätssicherung und Prozessoptimierung

Wertvolle praktische Erfahrungen, um für die Zukunft zu lernen, werden verschenkt und versäumt, wenn wir einige kritische Fragen nicht stellen:
- Stimmte das Verhältnis von Aufwand und Ertrag?
- Wo sind Fehler aufgetreten?
- Was haben wir daraus gelernt?
- Was wollen wir das nächste Mal (noch) besser machen?

Diese Fragen weisen auf den zirkulären Charakter unserer Arbeiten hin: Auch beim nächsten Ziel, das wir uns stecken, können ähnliche Probleme auftauchen.

3. Feiern Sie Erfolge!

Gerade uns Deutschen wird nachgesagt, dass wir Erfolge nicht feiern können. Wir begnügen uns mit dem „Abhaken" eines Erfolges. Allenfalls wird noch etwas „nachgekartet".
- Tragen Sie einen Erfolg nach außen!
- Feiern Sie Erfolge mit den Beteiligten!
- Geben Sie Lob von außen an alle Beteiligte weiter! und
- Pflegen Sie eine „Party"-Puffer-Pausen-Kultur!

Schließen Sie erst dann Ihr Vorhaben ab.

8 Praxis der Zeitplanung
Die Umsetzung im Alltag

Ständig sind wir in zeitgleiche Prozesse in unseren Lebensbereichen verstrickt. Die Methoden, Regeln und Formulare des Zeitmanagements sollen uns helfen, darin das jeweils Richtige möglichst richtig zu tun und den Blick für das Wesentliche nicht zu verlieren. *Wie kann ich dabei aber vermeiden, bei all diesen Werkzeugen in „Planeritis" zu verfallen und mich ständig unter Druck zu setzen?*

In der Tat sind übertriebenes Planen und psychischer Druck mögliche Fehlentwicklungen von Zeitmanagement.

Neben all den positiven Effekten von Zeitmanagement (vgl. Abschnitt 2.5) wird Ihr Zeitmanagement am elegantesten sein,

- wenn es so einfach wie möglich, aber so aufwändig wie erforderlich strukturiert ist,
- wenn es wie selbstverständlich in Ihren Arbeitsablauf integriert ist
- und wenn es eine gewisse Leichtigkeit bekommt.

In diesem Kapitel befassen wir uns damit, wie Zeitmanagement erfolgreich im Alltag praktiziert werden kann.

Dazu möchte ich den Versuch wagen, Ihnen ein Zeitmanagement-Konzept vorzustellen, das die unterschiedlichen Werkzeuge nicht einfach nebeneinander verwendet, sondern sie logisch aufeinander bezieht. Daraus ergeben sich auch Bedingungen und Grenzen für die Gültigkeit von Zeitplanungsregeln und den sinnvollen Einsatz einzelner Werkzeuge. Formulieren wir dazu unsere Leitfrage positiv:

Wie kann ich durch einen für mich sinnvollen Einsatz dieser Werkzeuge mein Zeitmanagement optimieren?

- Wie können wir all die unterschiedlichen Arten von Aufgaben, Zielen, Verpflichtungen, usw. überblicken, um bessere Entscheidungen für das jeweils Richtige zu treffen?

- Wie können wir mit der Fülle von Planungshilfen umgehen, ohne zum Terminbuchhalter zu werden?
- Wie können wir chaotische Tage retten, an denen unsere Planung völlig über den Haufen geworfen wird?

8.1 Jederzeit raschen Überblick gewinnen können

Rasche Orientierung („Was ist jetzt angesagt?") ist eine wichtige Voraussetzung, um uns jeweils für das gerade Richtige zu entscheiden. Wir brauchen „Überblick auf einen Blick", ohne viel blättern, ohne Überträge auf andere Seiten, in andere Formulare, Formate oder Systeme. Eine allgemeine Regel für Zeitmanagement und Planung wird vorausgesetzt:

Planen Sie schriftlich! Nur was wir schriftlich haben, können wir überblicken.

Daneben bringt uns schriftliches Planen weitere Vorteile:
- Der Vorgang des Aufschreibens kann eine Form der Auseinandersetzung mit einer Aufgabe sein. Beim Schreiben kommen uns neue Ideen.
- Was wir aufgeschrieben haben, können wir nicht oder weniger leicht vergessen.
- Dadurch werden wir vom Gefühl des Nicht-vergessen-Dürfens entlastet.

Wenn wir diese Regel noch etwas erweitern, dann wird ein Überblick noch einfacher:

Planen Sie mithilfe von Visualisierungstechniken.

Bloßes Aufschreiben auf liniertem Papier, in Text- oder in elektronischen Formularen ist unübersichtlich und behindert kreative Lösungen, die wir auch bei Planungsvorgängen brauchen.

Immer wenn Kompliziertes und Komplexes zu planen ist, sind gehirngerechte Techniken vorzuziehen, z. B. grafische Übersichten oder bildhafte Darstellungen, Mind-Mapping, die Verwendung von Symbolen, Verbindungslinien oder Farben.

„Systemanforderungen" in Sachen Überblick

Ein einfaches System, vom karierten Notizblock bis zum einfachen Kalender, wird wenigen Berufstätigen ausreichen, um raschen Überblick über alle Aufgaben sicherzustellen.
Vielmehr sind für einen raschen Überblick über alle anstehenden Aufgaben solche Zeitplanungssysteme ideal, die in einer Ansicht Wochenplan und Aufgabenliste vereinigen:

- ◆ Im Kalender werden feste Termine erfasst, sowohl Besprechungen mit anderen wie feste Termine mit sich selbst. Ein Wochenkalender ist dabei für viele Zeitmanager günstiger als ein Tageskalender. Näheres dazu folgt später.
- ◆ Eine Aufgabenliste (To-do-Liste, Aktivitätenliste) eignet sich am besten, um Nicht-Termingebundenes zu sammeln.

Beispiele für Zeitplanungssysteme, die eine entsprechende kombinierte Ansicht zeigen, sind einige Zeitplanbücher im Ringbuchformat mit Wocheneinteilung und ausklappbarer Aufgabenliste oder PC-Systeme wie MS Outlook oder Lotus Notes, mit Aufgabenblock im Kalenderteil. Auf S. 94 ist ein MS-Outlook-Beispiel abgedruckt.

8.2 Zeitplanung mit selbstverständlichem Zeitrhythmus

Wenn Zeitplanung wichtiger Bestandteil unseres Arbeitens sein soll, braucht sie einen festen Rhythmus. Auf unsere innere Uhr und deren Leistungszyklen wurde bereits hingewiesen.
Nun wollen wir einen zweiten Aspekt betrachten: den der Selbstverständlichkeit von Zeitplanung zu bestimmten Zeitpunkten im Rahmen unserer inhaltlichen Arbeit.
Die Abbildung auf S. 95 zeigt schematisch den Wechsel zwischen dem Bearbeiten von Terminen und Aufgaben aus der Aufgabenliste und dem Zeitplanen, im Rahmen einer Wochenplanung.

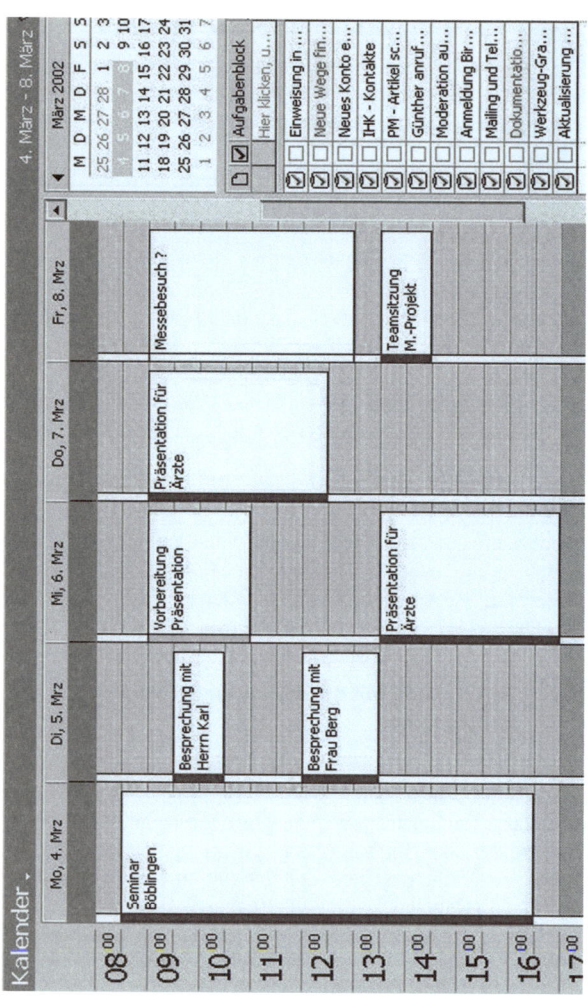

Micosoft® Outlook®-Kalender: Wochenblatt mit Aufgabenblock

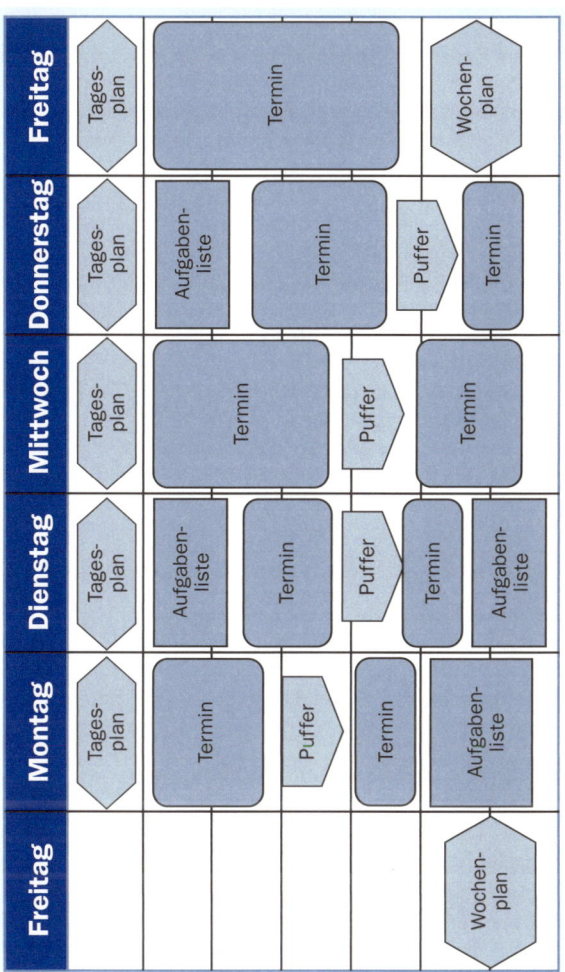

Wochenplan mit Planungsphasen, Aufgaben und Zeitpuffern

Pufferzeiten zwischen termingebundenen Arbeiten können dabei nach Bedarf zur Terminabfederung, für kleinere Aufgaben oder zum Sondieren der aktuellen Situation verwendet werden.

- ◆ Einmal in der Woche, idealerweise am Freitag gegen Arbeitsende oder am Samstag, sollten Sie das Wichtigste der kommenden Woche planen und überdenken.
- ◆ Dabei werden bei Zeitplanbüchern auch Überträge aus dem Zielinventar, dem Jahres- oder Monatskalender in den Wochen- oder Tageskalender vorgenommen.
- ◆ Täglich sollten Sie den kommenden bzw. den beginnenden Tag strukturieren.
- ◆ Zwischen wichtigen Aufgaben sollte ein Pufferzeitraum eingeplant sein, um die letzte Aufgabe gedanklich abzuschließen und sich inhaltlich und mental auf die kommende vorzubereiten. Lesen Sie dazu mehr im Kapitel 8.5.

Diese dreistufige Zeitplanung über unterschiedliche Zeiteinheiten schafft regelmäßig den Wechsel zwischen Überblick und dem Blick auf das Detail, die einzelne Aufgabe.

8.3 Arbeiten mit dem Tages- oder Wochenkalender?

Klassische Zeitplanung fixiert sich hauptsächlich auf die Tagesplanung. Demgegenüber schlage ich Ihnen die Wochenplanung als zentrale Sicht vor. Tagesblätter sind nur dann empfehlenswert, wenn pro Tag regelmäßig mehr als fünf bis zehn Termine übersichtlich erfasst und dargestellt werden müssen.

Vorteile einer wochenorientierten Planung

- ◆ Besserer Überblick über einen größeren natürlichen Zeitraum: Wir können innerhalb der sieben Tage unsere Kräfte besser einteilen, als wenn wir nur einzelne Tage überblicken. Auf besonders wichtige Vorhaben können wir uns frühzeitig einstellen. Auf schöne Ereignisse können wir uns mehrere Tage freuen. Wenn uns heikle Dinge bevorstehen, dann können wir noch ein paar Mal darüber schlafen. Erfolg hängt nicht nur von sorgfältigem Planen, sondern

mindestens genauso von mentaler Vorbereitung und positiver Einstellung zu den kommenden Aufgaben ab.
- ◆ Es fällt uns leichter, die wirklich wichtigen Dinge des Lebens und Arbeitens („Quadrant-II-Aufgaben"), die häufig nicht dringend sind, zu platzieren. Bei der tagesorientierten Planung stellen wir oft fest, dass für diese Dinge wieder mal keine Zeit übrig bleibt.
- ◆ Wir haben mehr Alternativen, Termine so anzuordnen, dass extreme Belastungsspitzen vermieden werden und wertvolle Pufferzeiten geschaffen werden.
- ◆ Das Format eines Wochenplans reicht vielen Berufstätigen aus, um alle Termine zu der Uhrzeit einzutragen, zu der sie stattfinden. Entsprechende Formulare sind in vielen gedruckten oder PC-Systemen und in einigen elektronischen Organizern enthalten.

Ein Wochenplan sollte nur Termine mit anderen und feste Blöcke für Termine mit sich selbst (Erledigen der wichtigsten Aufgaben) enthalten. Andere Aufgaben, die nicht kurzfristig erledigt werden müssen, sind in einer Aufgabenliste leichter und sinnvoller zu handhaben. Nun stellt sich die Frage, was für Arten von Aufgaben in einem Kalender erfasst werden und wie wir dabei vorgehen. Dazu folgen wir dem Prozess vom Eintreffen einer zunächst irgendwie relevanten Information bis zum Erstellen eines Kalendereintrags oder einer Aufgabe.

8.4 Informationseingang, -selektion und -bewertung

Jeden Tag landen „tausend" Anfragen auf unserem Schreibtisch, Mitteilungen über das Handy in unserem Ohr, eigene Ideen in unserem Kopf. Mit diesen Dingen werden wir als Mitglieder der Informationsgesellschaft geradezu bombardiert. *Wie können wir das für uns Relevante in unserer Planung berücksichtigen? Wie können wir den Störeffekt reduzieren, ohne wichtiges Neues zu übersehen oder zu vergessen?*
Betrachten wir alle diese Ideen, Anfragen und Mitteilungen einfach als Informationen, gleichgültig, woher sie kommen.

Der Informationseingang

Informationen treffen mündlich oder über unterschiedliche Kanäle schriftlich bei uns ein. Zu den mündlichen Informationen zähle ich hier auch solche, die uns z.B. bei einem Telefonat erreichen, sowie Ideen und Handlungsimpulse, die in unserem Kopf entstehen. Letztere formulieren wir in Sätzen oder Phrasen wie „Meier anrufen!" oder „Wie wäre es, wenn ich mal ...", also in sprachlicher Form, ohne sie laut auszusprechen.

Diesen Informationseingang und die dabei verwendeten Eingangskanäle zeigt die folgende Abbildung. In den Eingangsspeichern können wir dann „irgendwie Relevantes" vorübergehend ablegen.

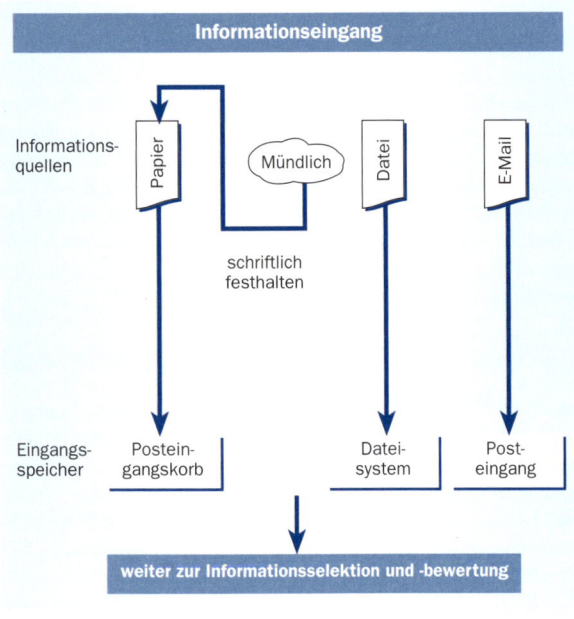

Informationseingang

Alle brauchbaren mündlichen Informationen (auch Ideen und Gedanken) sollten in Schriftform übertragen werden:

◆ Notieren Sie kurze mündliche Informationen in einer temporären Info-Liste oder in einem Notizblock. Ob auf Papier, im PC oder im Organizer ist egal – Hauptsache, schnell griffbereit und deutlich erkennbar.
Lassen Sie sich durch die noch nicht bewerteten Informationen nicht zu Zeitfallen verführen und aus Ihrem Arbeitsrhythmus reißen. Im nächsten freien Pufferblock können Sie diese Informationen weiterverarbeiten.

◆ Schriftliche und elektronische Eingänge werden in Posteingang abgelegt: im Plastikkorb auf dem Schreibtisch bzw. im Posteingang des Mail-Programms.

Informationsselektion und -bewertung

Die Bewertung der Informationseingänge sollte in kleineren Zeitblöcken zusammengefasst werden. Diese Zeitblöcke können durchaus in störungsanfälligen Zeiträumen platziert werden, da sie meist keine hohe Konzentration erfordern.

Die Abbildung auf der folgenden Seite zeigt Ihnen eine Methode, die Sie nach ein paar Übungen beherrschen, sodass Sie innerhalb weniger Sekunden eine Information bewerten können. Es ist eine Modifikation und Erweiterung herkömmlicher Postkorb-Darstellungen:

◆ In Abschnitt 3.2 hatte ich zur ABC-Analyse empfohlen, diese drei Buchstaben für die Wichtigkeit einer Aufgabe zu reservieren und die Dringlichkeit separat zu behandeln.

◆ Berücksichtigt sind dabei neue Informationen, neue Adressdaten zum Beispiel, die keine echten Aufgaben auslösen. Sie müssen lediglich in irgendeiner Form erfasst und gespeichert werden.

◆ In diesem Prozess werden die irgendwie gearteten Informationen in vier Weiterverarbeitungswege selektiert: Bearbeiten, Speichern, Vernichten und Weiterleiten.
Trennen Sie dabei in Informationen, die Aufgaben auslösen, und solche, die bloße Informationen bleiben.

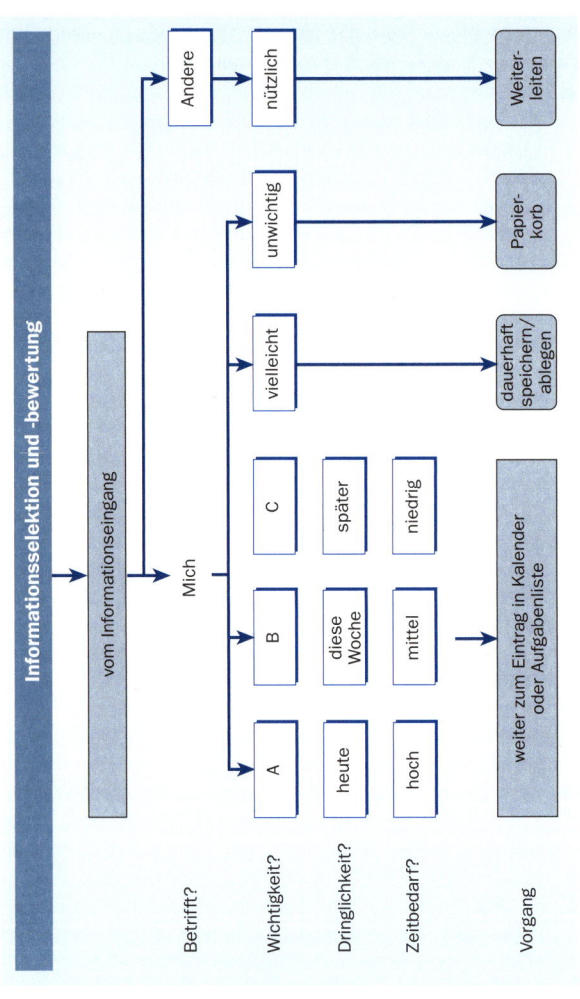

Informationsselektion und -bewertung

1. Informationen, die Arbeitsschritte auslösen, werden in Aufgaben bzw. Termine transformiert:

- Alle Informationen, die Aufgaben mit geringem Aufwand auslösen, können en bloc umgehend erledigt werden – natürlich nur, wenn Sie nichts Wichtigeres zu tun haben (andernfalls auf einen späteren Pufferblock verschieben).
- Informationen, die eine Aufgabe mit mittlerem Zeitbedarf auslösen, können in den Wochenkalender oder in die Aufgabenliste übertragen werden.
- Informationen, die eine wichtige heute zu erledigende Aufgabe auslösen, die zudem hohen Zeitaufwand benötigt, erfordern sofortige Neuplanung des Tagesablaufs.

2. Informationen, die keine echte Bearbeitung verlangen, werden ver- bzw. entsorgt:

- Unwichtige Informationen werden sofort entsorgt (Papierkorb).
- Informationen, die ausschließlich andere Menschen betreffen, werden gleich weitergeleitet.
- Informationen, die irgendwann Bedeutung bekommen könnten, werden gespeichert, d.h. vom Eingangsspeicher in einen dauerhaften Speicher übertragen (z.B. neue Adressen in ein Adressbuch, Abwesenheitstermine von Kollegen im Kalender, nicht aktuell relevante Angebote in einen Angebotsordner abgelegt).

Nur bei diesen Gruppen von Informationen erscheint mir diese Zeitplanungsregel sinnvoll:

Nehmen Sie eine Aufgabe nur einmal in die Hand.

Es sind Informationen, die das Stadium einer echten Aufgabe eigentlich gar nicht erreichen.

Wichtige Aufgaben dagegen, Verträge, Konzepte, Präsentationen bei Neukunden, erfordern Abwägen, kreativen Input oder beinhalten emotionale Aspekte, die bewältigt werden wollen. Sie sollten „eine Nacht darüber schlafen".

Derartige Aufgaben sollten durchaus zweimal oder öfter in die Hand genommen werden.

Welche Aufgaben gehören in den Kalender – welche in die Aufgabenliste?

In Verbindung mit einer Aufgabeliste stellt der Kalender die „Basisstation" Ihrer Zeitplanung dar. Als Unterscheidungskriterium zur Zuordnung in Kalender oder Aufgabenliste sind die zeitliche und die inhaltliche Verbindlichkeit geeignet. Aufgaben mit hoher Verbindlichkeit gehören in den Kalender:

- Aufgaben mit festen Anfangsterminen gehören auf jeden Fall in den Kalender (Besprechungen, Verabredungen).
- Aufgaben, die innerhalb eines Zeitraums (mehr als eine Stunde) erledigt werden müssen, sind als Kalendereinträge sinnvoll (fristgebundene Aufgaben oder solche in einem Teamprojekt).
- Außer zeitlich verbindlichen Aufgaben sind inhaltlich verbindliche Aufgaben im Kalender besser untergebracht als in einer Aufgabenliste (höherer Selbstverpflichtungsgrad). Dazu gehören auch Aufgaben, die aus einer Zusage oder Verpflichtung gegenüber anderen oder im Rahmen eines Projektes entstehen: Wenn wir Ergebnisse prompt liefern, verbessert das unser Image. Wenn wir ein Arbeitspaket für ein Projekt frühzeitig abgeben, freut sich der Kollege, der auf unserem Schritt aufbaut, und der Projektleiter.
- Aufgrund des höheren Selbstverpflichtungsgrades des Kalenders tun wir gut daran, auch Maßnahmen im Hinblick auf eigene wichtige Ziele, oder anders gesagt Quadrant-II-Aufgaben, im Kalender zu terminieren. Gerade diese Maßnahmen sind andernfalls von Aufschieberitis bedroht.

Die Aufgabenliste umfasst dann Aufgaben mit geringer Verbindlichkeit, die

- zeitlich wenig verbindlich sind,
- inhaltlich wenig verbindlich sind (kleinere B- und C-Aufgaben,
- von Aufwand her gering sind (zwischendurch erledigen).

Wenn eine Aufgabe aus der Aufgabenliste, trotz Abfederung durch Puffer, immer dringlicher und verbindlicher wird, sollte sie in den Kalender übertragen und rasch erledigt werden.

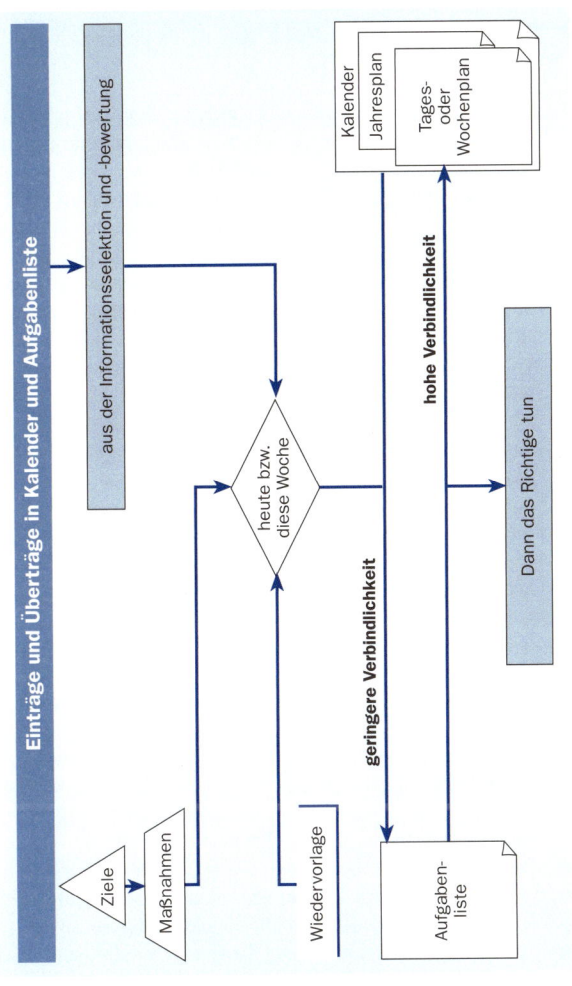

Die Aufgabenzuordnung nach Verbindlichkeit

8.5 Flexibilität durch Pufferzeiten als zentrales Prinzip

Diese Aufteilung von Aufgaben in Kalender- bzw. Aufgabenlisteneinträge funktioniert nur, wenn wir durch geplante Pufferzeiten über ausreichend Flexibilität verfügen. Ohne Flexibilität, ohne „Luft" in der Zeitplanung, würden wir alle Türen öffnen für Hektik, mindere Qualität der Ergebnisse und hohe Stressbelastung:

- ◆ Wenn ein Besprechungstermin länger dauert als geplant, beginnen Folgetermine verspätet oder können gar nicht wahrgenommen werden.
- ◆ Wenn eine Schreibtisch-Aufgabe eine Zeitfalle erzeugt, muss die Aufgabe irgendwann unterbrochen werden. Oder das Ergebnis der Tätigkeit wird irgendwie hingebogen.
- ◆ Aufgaben, die auf der Aufgabenliste stehen, kommen dabei immer zu kurz – und vor allem: die wirklich wichtigen Dinge im Leben, die selten dringlich sind!

Strittig unter den Fachleuten ist der Prozentanteil der Pufferzeiten. Bei fest strukturiertem Tagesablauf mögen 30% Pufferzeit ausreichen. Bei sehr abwechslungsreichen Tagesverläufen empfehle ich Ihnen 50% Pufferzeit vorzusehen.

Auch wenn einmal im Tagesablauf weniger Störungen und Unterbrechungen eintreten als erwartet, bedeutet Pufferzeit nicht gleich Leerlauf. Sie können den Puffer verwenden, um

- ◆ Ihre Tagesplanung zu prüfen und ggf. zu korrigieren,
- ◆ neuen Informationseingang zu selektieren,
- ◆ dringliche Telefonate zu erledigen,
- ◆ Termine vor- und nachzubereiten,
- ◆ den Schreibtisch zu ordnen und Unterlagen abzulegen,
- ◆ B- und C-Aufgaben von der Aufgabenliste zu erledigen,
- ◆ Absprachen mit Kollegen oder im Team zu treffen,
- ◆ und schließlich Dinge zu tun, die der Arbeitsfähigkeit und Ihrer Gesundheit guttun!

Wie Pufferzeiten in der Zeitplanung verteilen?

Arbeitseinheiten sollten über ausreichende Pufferzeiten verfügen: nach ähnlichem Prinzip wie bei den Bandscheiben, die unsere Wirbelsäule gegen harte Stöße puffern und schützen.

In einem Tagesplan bzw. einer Tagesspalte eines Wochenplans sollten kleinere Pufferzeiträume vor allem zwischen Auswärtsterminen und Gruppenbesprechungen eingefügt werden. Bei einer Besprechungsplanung sollte in der Agenda Zeit für „Weitere Themen und Anliegen" berücksichtigt werden. Jede Dienstreise braucht Puffer für Stau oder Bahnverspätung.

Bei der Arbeit im Team kann die Entwicklung einer „Puffer- und Pausenkultur" die Effektivität und die Effizienz erhöhen, das Gruppenklima und die individuelle Flexibilität verbessern.

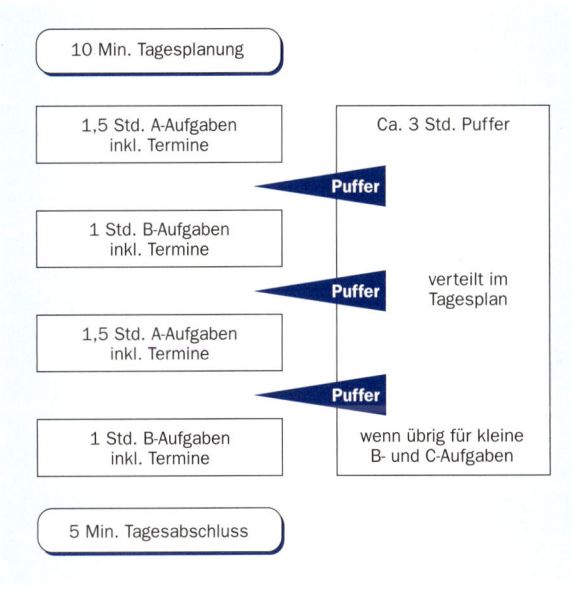

Pufferzeiten im Tagesablauf

8.6 Weitere Einzelheiten zur Handhabung von Aufgabenliste und Kalender

Durch die Spalten Dauer, Priorität, Delegiert, Beginn, Fertig bis und ggf. Kontrolle wird aus einer bloßen To-do-Liste ein richtiger Aufgabenplan (siehe auch Tipps auf der hinteren Umschlagklappe).

Beim Erstellen oder Ergänzen einer Aufgabenliste ist es sinnvoll, von den harten Vorgaben, Priorität/Wichtigkeit und Dringlichkeit/Fertigstellungstermin, auf die weichen Planungskriterien, Erledigungsreihenfolge und Beginn der Aufgabe, rückzuschließen.

Computer- und Organizer-Programme enthalten selten alle die Spalten, die für die persönliche Planung sinnvoll sind. Eine besonders wichtige Spalte Ziel, die Maßgebliches über die Bedeutung einer Aufgabe aussagen könnte, finden wir in den wenigsten Programmen.

Verzichten Sie nicht auf Struktur, auch wenn das Programm zu wenig bietet! Zur Not lässt sich eine fehlende Spalte durch Kursivschrift, Kürzel oder ähnliche visuelle Merkmale in einer anderen Spalte darstellen.

Übungsvorschläge zur besseren Nutzung von Kalender und Aufgabenliste

1. Überprüfen Sie Ihren Kalender auf eine Verbesserung der Einträge

Wenn Sie glauben, dass Sie Ihre Einträge im Tages- bzw. Wochenkalender verbessern können, nehmen Sie einige typische Seiten, um Ihre bisherigen Einträge zu überprüfen.

1. Was gäbe es an der Übersichtlichkeit der Darstellung zu verbessern?
2. Sind wichtige Termine auf den ersten Blick erkennbar?
3. Verfügen wichtige Termine über Pufferzeiträume?
4. Sind alle Daten eines Termins vorhanden bzw. erkennbar: Art des Termins, Ort/Raum, Teilnehmer (mit Tel.-Nr.)?
5. Ist die vorgesehene Dauer des Termins erkennbar?

2. Erstellen Sie einen idealen Tages- bzw. Wochenkalender!

Erstellen Sie dann probeweise einen Mustertag bzw. eine Musterwoche. Als Vorlage für diese Übung können Sie ein leeres Kalenderblatt verwenden.

Wie würde der ideale Kalender eines Tages bzw. einer Woche ausschauen? Welche Merkmale brauchte er? Denken Sie dabei an die Unterscheidung von Wichtigem zu weniger Wichtigem, die Darstellung nicht zeitgebundener Aufgaben, erkennbare Pufferzeiträume, Verwendung von Symbolen, Farben, Kürzeln als visuelle Hilfsmittel, Dokumentverweise als Suchhilfe.

Setzen Sie dann Ihre Erkenntnisse in der täglichen Planung ein.

3. Überprüfen Sie die Funktionen Ihres für Zeitmanagement benutzten PC-Programmes bzw. des Organizers

Häufig werden in den diversen Programmen enthaltene Ansichten oder Funktionen übersehen:

1. Gibt es bisher nicht genutzte Ansichten (z.B. Wechsel zwischen verschiedenen Zeiteinheiten wie Woche und Monat), die den Überblick fördern könnten?
2. Sind Listenansichten möglich, die sich v.a. zum Setzen von Prioritäten, zum Bestimmen einer Bearbeitungsreihenfolge oder zur Darstellung des Erledigungsstatus von Aufgabenlisten eignen? Können diese Ansichten nach verschiedenen Kriterien sortiert werden?
3. Enthält das Programm einen Notizblock, der all den Kleinkram aufnehmen könnte, der unseren Arbeitsrhythmus nicht gefährden sollte?
4. Gibt es Möglichkeiten, einen Termin oder eine Aufgabe mit den dafür erforderlichen Dokumenten zu verknüpfen? Vorteil wäre das schnelle Auffinden von Unterlagen.
5. Können Kategorien verwendet, noch besser: selbst erstellt werden, um Aufgaben nach Zielen oder Aufgabengebieten zu gruppieren?
6. Können die Grundeinstellungen des Programms verbessert werden?

8.7 Neue Aufgaben richtig einschätzen

Zeitmanagement wird häufig auf Zeiteinteilung, die Zuteilung von Arbeitszeit für die einzelnen Aufgaben, reduziert. Zeitmanagement scheint dann relativ einfach zu sein. Zumindest wird es gerne so verkauft. Dabei wird übersehen, dass der Teufel im Detail, nämlich in der inhaltlichen Beurteilung einer Aufgabe steckt.

Häufig unterschätzen wir dann die tatsächliche Dauer einer Aufgabe bei der Planung.

Herr Planemann plant seinen Arbeitstag. Ab 10 Uhr eine Stunde für einen Bericht, um 11 Uhr eine halbe Stunde für eine Kalkulation, um 11.30 Uhr eine Teambesprechung, um 12.30 Uhr usw.

Dann beginnt er mit der ersten Aufgabe, dem Bericht. Gegen 11 Uhr stellt er fest, dass er damit noch längst nicht fertig ist: Der Bericht ist nicht sauber gegliedert. Mit der Tabellenformatierung hat er eine Menge Zeit verloren. Zwischendurch haben ihn zwei Telefonate aus dem Konzept gebracht. Die Ergebnisse des Berichts klingen nicht besonders schlüssig.

Was tun? Den Bericht unterbrechen, um die für 11 Uhr geplante Kalkulation zu beginnen? Oder den Bericht noch irgendwie hinkriegen? Reicht die Zeit bis 11.30 Uhr bis zum Beginn der Teambesprechung? Oder wieder einmal den ganzen Tagesplan umwerfen? Im Kopf von Herrn Planemann beginnt sich ein Karussell zu drehen.

Außer der fehlenden Berücksichtigung von Pufferzeiten, die bei Störungen und inhaltlichen Problemen eine Kettenreaktion vermieden hätten, hat Herr Planemann die Details seiner Aufgaben nicht berücksichtigt.

Die Anforderungen und Besonderheiten der einzelnen Aufgaben schaffen Vorgaben für die Zeiteinteilung.

Zeiteinteilung und Aufgabenorganisation durchdringen und beeinflussen sich wechselseitig.
1. Die mentale Vorbereitung und Nachbereitung einzelner Aufgaben verbessert die Konzentration für diese Aufgabe und die Qualität der Erledigung.
2. Die Frage „Wie mache ich diese Aufgabe richtig, ohne zu viel oder zu wenig zu investieren?" gibt Antworten über die

erforderliche Qualität der Aufgabenbearbeitung. Sie erinnern sich an das Pareto-Prinzip.
3. Die in einer Aufgabe versteckten Risiken können Zeitfallen auslösen.

Bereiten Sie Aufgaben mental vor und nach

Missverstehen Sie Zeitmanagement nicht als bloße Zeiteinteilung – Zeitmanagement sollte folgenden Minizyklus aus drei Schritten beinhalten:

- **Mentale Vorbereitung:** Denken Sie an die wichtigsten Dinge, die nächste Woche / am folgenden Tag auf Sie zukommen und die Sie mit Erfolg lösen wollen.
  Vorteil: Sie aktivieren Kräfte Ihres Unterbewusstseins – gute „Ideen unter der Dusche" fallen Ihnen zu – und Sie konzentrieren Ihre Energie auf wirklich wichtige Aufgaben. Sie können „sich einstellen" auf die wichtigen Dinge. Kurz vor dem jeweiligen Ereignis können Sie dann binnen Sekunden Ihre mentale Vorbereitung abrufen.
- **Praktische Planung** mit Kalender und Aufgabenliste wie in diesem Kapitel 8 besprochen,
- **Nachbereitung, Auswertung und Kontrolle:** Am Ende des Arbeitstages sowie einer Arbeitswoche sollten Sie die wichtigen Resultate Revue passieren lassen.
  - Was habe ich Besonderes erlebt?
  - Was habe ich erreicht?
  - Was ist mir gut gelungen?
  - Was hat nicht wie geplant funktioniert?
  - Was werde ich das nächste Mal besser machen?

  Prüfen Sie den Erfolg Ihrer Ergebnisse. Überlegen Sie, was beim nächsten Mal (noch) besser werden soll. Entlasten Sie sich von Misslungenem und Ärgerlichem. Und genießen Sie Ihre Erfolge!

Keine Angst: Diese Planung kostet Sie, wenn Sie darin erst einmal geübt sind, nur wenige Minuten. Sie dankt es Ihnen mit besseren und schnelleren Ergebnissen – und vor allem mit mehr Gelassenheit und Zufriedenheit.

Aufgabenbeurteilung mit der A^{Q}LPEN-Methode

Beim Ausfüllen des Aufgabenplanes empfehle ich Ihnen die A^{Q}LPEN-Methode, eine Variante der bekannten ALPEN-Methode: Kernpunkt ist dabei das ergänzte Q, die Frage nach der erforderlichen Qualität einer Aufgabe".

1. Alle anstehenden Aufgaben in eine Liste eingetragen.
2. Beurteilung der Qualität einer Aufgabe anhand folgender Fragen:
    - Wie sind die Rahmenbedingungen der Aufgabe? Was wird von mir verlangt?
    - Welche Chancen und Risiken beinhaltet sie?
    - Was will ich mit der Aufgabe erreichen? Wie will ich das Ergebnis gestalten?
3. Jetzt kann die Länge der Aufgabe abgeschätzt werden.
4. Ordnung nach Priorität.
5. Entscheidung über die Durchführung der Aufgabe:
    Will ich die Aufgabe übernehmen oder kann ich sie delegieren oder gar ignorieren? Für welchen Tag und welche Zeit werde ich sie einplanen?
6. Notieren im Timer, auf einem Kalenderblatt bzw. in der Aufgabenliste. Pufferzeiten nicht vergessen!

Prüfen Sie frühzeitig Risiken und Abhängigkeiten

Die Zeitplanung der vierten Generation empfiehlt uns vorausschauendes Planen und proaktives Handeln. Dies gilt besonders für komplexe Probleme und Projekte mit weit reichenden Folgen. Hier sollten Sie frühzeitig nach versteckten Risiken suchen und Abhängigkeiten überprüfen.

1. Zerlegen Sie einen Aufgabenkomplex in Teilaufgaben.
2. Finden Sie nun solche Teilprobleme heraus, die Ihnen heikel erscheinen. Das können Punkte sein:
    - deren Rahmenbedingungen unklar sind,
    - zu denen Ihnen Know-how fehlt,
    - die kooperativ mit anderen Menschen zu lösen sind und
    - deren Folgewirkungen nicht klar sind.

3. Verschaffen Sie sich frühzeitig Klarheit über diese heiklen Teilprobleme. Welche Lösungen sind realisierbar? Sind Pufferzeiten erforderlich? Kann Hilfe angefordert werden?
4. Planen Sie die gesamte Aufgabe in den einzelnen Schritten. Die Ausführung der weiteren Teilaufgaben und Schritte kann auf einen späteren Zeitpunkt terminiert oder delegiert werden.

8.8 Chaotische Tage organisieren

Ist nicht jeder Tag chaotisch, werden manche jetzt vielleicht denken. Das oben aufgeführte Regelwerk hilft Ihnen, einen routinemäßigen Arbeitstag besser zu strukturieren und flexibel zu bleiben. Doch es gibt Tage, da platzt eine „Bombe" nach der anderen. Als Folge geraten wir in Stress und neigen dann zu unüberlegten Reaktionen. Wir werden gereizt und machen Fehler. Die Abbildung auf S. 114 zeigt einen solchen Chaostag. Der Tagesplan wird durch ein Ereignis, eine dringliche A-Aufgabe torpediert. Sie erfordert sofortige Korrektur des Tagesplans. Waren ausreichend Pufferzeiten vorgesehen, können diese jetzt für die neue Aufgabe „verbraten" werden. Kleinere B- und C-Aufgaben, die für diese Pufferzeiten vorgesehen waren, müssen verschoben werden. Vielleicht sind auch weitere Aufgaben an diesem Tag nicht mehr zu schaffen. Zumindest besteht eine Chance, das Chaos in den Griff zu bekommen.

Gehen Sie mit folgender Zielsetzung vor:

1. Das Wichtigste ist jetzt, die normale Arbeitsfähigkeit und eine möglichst gute Laune wiederherzustellen. Entspannen Sie sich, denken Sie an frühere schwierige Situationen, die Sie mit Erfolg gemeistert haben. Das gibt Ihnen Kraft. Sagen Sie sich immer wieder: „Ein Problem kann eine Chance sein. Ich bekomme das hin!"
2. Die wichtigen Aufgaben des Tages sollen trotz Verzögerungen und Unvorhergesehenem ausgeführt werden.
3. Andere Aufgaben sollen so wenig wie möglich unter dem veränderten Plan leiden.

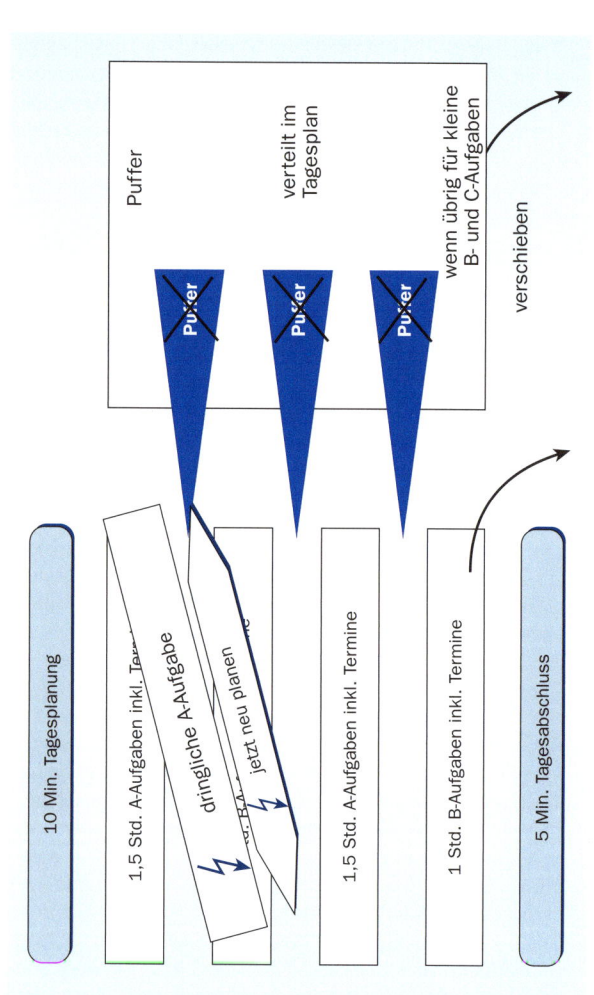

Einen chaotischen Arbeitstag retten

Gerade in diesen Situationen ist die Gefahr groß, Fehler zu machen, Absprachen zu vergessen, sich selbst zu stressen und Mitmenschen zu tyrannisieren. Hier kommt eine Grundregel des Zeitmanagements zum Tragen, die wir bereits erwähnt haben:

> Wenn du es eilig hast, dann gehe langsam!

Nun können Sie den Tag/die Woche neu strukturieren:

1. Welche Ressourcen stehen mir zur Verfügung? Wer oder was kann mich entlasten?
2. Reduzieren Sie zusätzliche Stressfaktoren.
3. Überprüfen Sie aktuell: Welches ist der Engpass? Wo muss ich ansetzen, um meinen Arbeitsprozess wieder ans Laufen zu bekommen?
4. Prüfen Sie die Wichtigkeit/Priorität und Dringlichkeit. Was hat sich geändert? Erstellen Sie dann erst einen neuen Aufgaben- und Terminplan.
5. Sagen Sie immer wieder: „Ich kann das hinbekommen!"
6. Wenn es nicht gleich brennt: Hinterlassen Sie angefangene Aufgaben so, dass bei der Wiederaufnahme der Tätigkeit wenig Vorbereitung und Einarbeitung anfällt.
7. Informieren Sie alle Personen, die auf aufgeschobene Ergebnisse von Ihnen warten.
8. Beginnen Sie jetzt mit der wichtigsten Aufgabe.

Ganz schön viel? Natürlich müssen Sie nicht bei jeder Korrektur Ihres Planes so sorgfältig vorgehen. Wenn es brennt, haben Sie auch tatsächlich gar keine Zeit dafür.

Außerdem muss diese „Langsamkeit" – es dauert eine Weile, bis Sie endlich mit Schritt 8 beginnen können – trainiert werden. Wenn Sie dieses sorgfältige Vorgehen erst einmal eingeübt und Vertrauen dazu gefunden haben, werden Sie dafür nicht mehr viel Zeit benötigen. Vielmehr werden Sie mit weniger Stress und mit geringerem Schaden als bisher für den Rest Ihres Arbeitsplans die wichtigsten Dinge erledigen. Wenn Sie sich mit der Puffer-und-Pausen-Regel angefreundet haben, macht sie sich jetzt besonders bezahlt.

Auf den Punkt gebracht:

Welche Schlüsse lassen sich aus den vorgestellten Empfehlungen zum Zeitmanagement ziehen?

- ◆ Ein guter Teil der Aufgaben des Alltags leitet sich aus unseren Zielen und Lebensrollen ab. Dies sind die wirklich wichtigen Aufgaben für unser Zeitmanagement.
- ◆ Zeitmanagement der vierten Generation mit seinem „Quadrant-II-Denken" hilft uns dabei: Mit der Orientierung am wirklich Wichtigen, der Planung in Wocheneinheiten, dem vorausschauenden proaktiven Handeln und dem frühzeitigen Erkennen von Chancen und Risiken.
- ◆ Ausreichende Pufferzeiten schaffen Flexibilität, auch um chaotische Arbeitstage zu bewältigen. Die Frage nach Ertrag und Aufwand sichert Effektivität und Effizienz – Pareto-Regel und ABC-Analyse helfen dann bei der Zeiteinteilung.
- ◆ Das Beachten der inneren Uhr, regelmäßig und rechtzeitig Pausen einlegen, beugt Stress vor und verhindert Dauerbelastung.
- ◆ Obwohl Zeitplanung selbst Zeit erfordert, hilft sie Zeit einzusparen und verbessert die Qualität unserer Arbeit.
- ◆ Und schließlich hilft sie, Balance im Alltag zu erreichen.

Das letzte Kapitel geht auf die Wahl richtiger Hilfsmittel ein:
- ◆ Geeignete Planungshilfsmittel, sei es
  - ein Zeitplanbuch,
  - ein Computerprogramm oder
  - ein elektronischer Organizer,

  ermöglichen einen raschen Überblick über Termine und Aufgaben und helfen dabei, eine „doppelte Buchhaltung" von Zeitplanungsdaten zu vermeiden.

  Dabei sollten wir uns an Einstein erinnern: Halten Sie Ihr Zeitmanagement „so einfach wie möglich, aber nicht einfacher".

9 Zeitplanbuch oder PC-Programm bzw. Organizer?

Die Wahl der richtigen Hilfsmittel

Herr Planixgut, der Schwager von Herrn Planemann, behauptet von sich, auf Hilfsmittel für die Zeitplanung verzichten zu können. Er habe immer alle wichtigen Termine und Daten im Kopf oder zur Not auf kleinen gelben Klebezettelchen. Diese Technik trainiere vor allem die Gedächtnisleistung. Außerdem weiß er: Alle denkbaren Hilfsmittel erfordern viel Erfassungs- und Korrekturaufwand. Tatsache ist, dass Herr Planixgut öfter zum falschen Zeitpunkt zu einem Termin erscheint, dass er den richtigen kleinen gelben Zettel nicht findet, dass er auch mal eine Telefonnummer irgendwie verdreht hat.

Wie kann Zeitmanagement durch Planungshilfsmittel unterstützt werden?

◆ Eines trifft zu: Daten müssen erfasst, häufig aktualisiert, bei Papiersystemen in ein anderes Format übertragen, also gepflegt werden. Das bedeutet Aufwand.
◆ Dafür verschaffen uns Planungshilfsmittel den großen Vorteil, zum richtigen Zeitpunkt die wichtigen Daten parat zu haben. Besonders wenn etwas schiefläuft, wenn wir unerwartet bestimmte Informationen brauchen.
◆ Alles was wir schriftlich haben, brauchen wir uns nicht unbedingt zu merken. Das entlastet das Gehirn und reduziert Stress. Dennoch hindert uns nichts daran, uns trotzdem die wichtigsten Telefonnummern und Termine zu merken und unser Gedächtnis zu trainieren.
◆ Bei entsprechender Aufbereitung von Terminen erhalten wir eine Übersicht. Wir erkennen rechtzeitig, in welchen Zeitabschnitten es terminlich eng wird.
◆ Wenn wir eine Information brauchen, wissen wir, wo wir zu suchen haben. Suchaufwand wird reduziert.

Was für Hilfsmittel und Systeme gibt es?

Es gibt eine sehr große Anzahl unterschiedlicher Hilfsmittel und Systeme. Ich möchte vier Hauptgruppen unterscheiden und die erste gleich wieder ausschließen:

- Monofunktionale Hilfsmittel wie Tischkalender, Mini-Taschenkalender, Aufgabenlisten, Klebezettelchen, separate Adressbücher sind für professionelles Zeitmanagement in der Regel nicht ausreichend. Kalender lassen nur unzulänglich Adresseinträge zu, Adressbücher keine Termine. Lose Aufgabenlisten oder Klebezettel besitzen keinerlei Systematik und werden häufig verlegt. Zu inflexibel sind ebenso gebundene Formate, auch wenn sie preiswert sind und mit Kalender, Notizblättern und Adressbuch locken. Erforderlich sind multifunktionale Hilfsmittel, die eine Reihe von Zeitmanagement-Funktionen abdecken.
- Ringbuch-Systeme: Timer oder Zeitplanbücher (künftig ZPB genannt). Ich schreibe bewusst „Systeme", denn diese Hilfsmittel müssen durchdacht aufgebaut sein. Das Arbeiten mit ihnen will genauso erlernt sein wie bei elektronischen Helfern. Als Minimalsystem betrachte ich in dieser Gruppe ein Ringbuch im Taschenformat mit Kalender, Aufgabenliste, Notizblättern und herausnehmbarem Adressbuchteil – für das Folgejahr verwendbar.
- Computerbasierte Systeme, die auf stationären Computern, auf Notebooks oder Subnotebooks zum Einsatz kommen. MS Outlook oder der Lotus Notes sind wohl die bekanntesten. Daneben gibt es eine Vielzahl teilweise kostenloser Tools.
- Mobile Geräte wie Organizer, Palmtops, Pocket-PCs, PDAs (Personal Digital Assistents) mit oder ohne Telefonie sowie Smartphones. Das jeweilige System besteht dabei aus dem Gerät, technischem Zubehör, einem Betriebssystem und PIM-Software (Personal Information Manager) mit mehr oder weniger integrierten Zeitmanagementfunktionen. Hier ist die Qual der Wahl riesengroß. Ich verwende im weiteren Text für alle zusammen den kürzesten Begriff: PDA.

Im Folgenden erhalten Sie einen umfassenden Überblick über den Funktionsumfang dieser drei Systemgruppen, unter besonderer Berücksichtigung der Kernfragen des Zeitmanagements: Was leisten sie, um unser Zeitmanagement und unsere Arbeitsorganisation effektiver und effizienter zu machen?

> Denken und entscheiden müssen wir allerdings bei jedem System immer noch selbst!

9.1 Was müssen multifunktionale Systeme leisten?

Egal welches Werkzeug Sie einsetzen, halten Sie sich an die Regel: So einfach wie möglich, aber so aufwändig wie nötig. Verzichten Sie auf Systeme mit zu vielen Funktionen, die Sie auch in Zukunft nicht nutzen wollen. Prüfen Sie, welche Funktionsteile und Merkmale der Tabelle auf der folgenden Seite für Sie wichtig sind. Dieser Systemvergleich enthält drei Spalten: ZPB (Zeitplanbuch), PC (computergestützte Programme) und PDA (alle mobilen Geräte). Runde Klammern um Häkchen bedeuten, dass nicht jedes einzelne Tool einer Gruppe über das jeweilige Merkmal verfügt oder dass eine Funktion aus Systemgründen nur eingeschränkt vorhanden ist.

9.2 Lässt sich „doppelte Buchführung" vermeiden?

Auch Herr Planemann ist mit seinem Zeitmanagement-System nicht ganz zufrieden. Er hat lange mit dem ZPB gearbeitet, war aber vom ständigen Übertragen der Daten genervt. Außerdem kam es vor, dass er Termine falsch übertragen hat. Er berichtet: „ Jetzt habe ich mir einen handlichen PDA zugelegt, mit Stift. Es gibt keine Überträge mehr, aber das Ding ist so handlich, dass das Display keine vernünftige Übersicht bietet. Somit führe ich jetzt Zeitplanbuch und PDA."

Das neue Tool der Wahl sollte möglichst alle persönlichen Erfordernisse abdecken. Müssen die Mängel eines Systems durch ein zweites ausgeglichen werden, erhöht das den Aufwand, führt zu Fehlern beim Übertrag und mindert die Übersichtlichkeit der Zeitplanung erheblich. Grenzen Sie in solchen Fällen sauber zwischen den Systemen ab, wenn sich doppelte Terminbuchhaltung nicht vermeiden lässt.

Erforderliche Funktionen	Anmerkungen	ZPB	PC	PDA
Kalender	mit Tages- oder Wocheneinteilung	✓	✓	✓
Aufgabenliste (To do)	für relativ nicht zeitlich gebundene Aufgaben	✓	✓	✓
Adressbuch	Die Spalten sollten für Kommunikationsdaten Platz bieten.	✓	✓	✓
Zielformulare		(✓)	(✓)	(✓)
Notizblätter	Für alle Zwecke, zu denen das jeweilige Tool keine Formblätter bzw. Funktionsteile enthält	✓	✓	✓
Erforderliche Merkmale	**Anmerkungen**			
Handlichkeit	Ein Zeitmanagement-Tool sollte möglichst in eine Jackentasche, zumindest in eine Hand- oder kleine Aktentasche passen.	✓	nur Notebooks	✓
Systematik der Zeitmanagement-Funktionen	Einem Tool sollte eine erkennbare und bedienbare Systematik zugrunde liegen.	✓	✓	(✓)
Sinnvolle Merkmale	**Anmerkungen**			
Übersichten und Ansichten: Kalender mit Tages-, Wochenteilung, Monatsansicht sowie Kalender mit Aufgabenliste	Bei ZPB nur nach manuellem Übertrag in andere Formulare möglich. Bei PC-Systemen meist durch bloßen Mausklick möglich, ebenso Filtern und Sortieren. Bei PDAs mit kleinen Display nur eingeschränkt möglich oder unzureichend vorhanden	(✓)	✓	(✓)
Automatischer oder einfacher Datenübertrag	Zwischen verschiedenen Kalenderteilen von Aufgabenliste zu Kalender oder von E-Mail zu Adressbuch		✓	✓
Datensynchronisation	Zwischen PDA und PC-Programm		✓	✓
Verknüpfung zu Dokumenten	Z.B. Termin zu Agenda.doc		✓	(✓)
Individuelle Erfordernisse				
Kommunikationsfunktionen	Integration von E-Mail (ggf. mit Push-Dienst), Telefon- und Internetzugriff und Fax		✓	(✓)
Diktiergerät oder Wecker	Vor allem unterwegs hilfreich		(✓)	(✓)
Handschriftenerkennung	Tablet-PCs und manche mit Stift bediente PDAs erkennen handschriftliche Einträge		(✓)	(✓)
MP3-Player, Kamera, Navigationssystem	Als weitere persönliche Entscheidungskriterien		(✓)	(✓)

Funktionen und Merkmale von Zeitplanungstools

9.3 Zeitplanbücher

Zeitplanbücher in Form von Ringbüchern gibt es hochwertig und preiswert, vom Westentaschenformat bis zu A4-Größe, mit Tages- oder Wochenkalender als kleinster Zeiteinheit und mit unterschiedlicher Lochung.

Vorteile	
Schreiben von Hand	Handschriftliche Einträge erhöhen die Identifikation und sollen auch die Gehirnleistung aktivieren.
Systematik	Bei ZPBs gibt es unterschiedliche, teilweise sehr ausgereifte Zeitmanagement-Philosophien.
Nachteile	
Datenübertrag	Datenübertrag ist aufwändig, fehleranfällig, muss erlernt werden und erfordert Disziplin.
Sortierfunktionen	Sortierfunktionen, die v.a. bei der Prioritätensetzung in To-do-Listen brauchbar wären, fehlen natürlich.
Elektronische Kommunikation	Dieser Mangel von ZPBs kann durch separate Kommunikationsgeräte oder -programme ausgeglichen werden.
Jährliche Ergänzungsblätter	Da Kalenderdaten bei fast allen ZPBs eingedruckt sind, kommt zum Kaufpreis der ZPBs der Preis der jährlichen Ergänzungslieferungen dazu.
Besonderheiten	
Handhabung und Übersichtlichkeit	Durch Registerblätter, Lochformate und Ringgröße, Stärke des Buches können Handhabung und rascher Zugriff auf ein benötigtes Blatt sehr unterschiedlich sein.

Was sollte bei der Handhabung beachtet werden?

◆ Generell sollten Sie in einem ZPB Einträge nur mit Bleistift vornehmen, sodass Sie bei Terminverschiebungen oder geänderten Adressdaten radieren können. Nichts ist unübersichtlicher als durchgestrichene Zeilen oder Pfeile, die eine Terminverschiebung andeuten sollen.
◆ Bei dicken Formaten mit großen Lochungsringen können Sie mit Ihrer Schreibhand immer nur auf einer Seite eines Blattes bequem Einträge vornehmen.

- Nutzen Sie den Kalenderteil kreativ. Sofern Ihnen das Format Platz dazu lässt, können Sie kleine Akten- oder Ergebnisnotizen nach einem stattgefundenen Termin ergänzen (die Sie bei entsprechender Bedeutung natürlich später in ein anderes Format übertragen sollten). Sie können erfreuliche Ereignisse des Tages festhalten, z.B. „erster Schultag unseres Kindes". Das wertet Ihren Kalender emotional und als Erinnerungshilfe auf.
- Archivieren Sie abgelaufene Blätter aus dem Kalenderteil und anderen Formularen. Vielleicht müssen Sie später einmal nachweisen, was Sie wann getan haben.

Was sollte beim Kauf noch beachtet werden?

- Der Kalenderteil sollte ausreichend Platz bieten, dass ein Termin direkt neben der eingedruckten Uhrzeit eingetragen werden kann. Das ist sehr wichtig für die Übersichtlichkeit eines Arbeitstages.
- Das System sollte über eine gängige Lochung verfügen. Andernfalls brauchen Sie einen Spezialllocher, um selbst entworfene Formulare oder Computerausdrucke zu ergänzen. Sie können auch nicht auf günstigere oder bessere Formulareinlagen eines anderen Anbieters umsteigen.
- Das Format muss so handlich sein, dass Sie Ihr ZPB tatsächlich gerne mitnehmen, wenn Sie unterwegs sind.
- Die einzelnen Anbieter warten mit unterschiedlicher Ausstattung und Zubehör auf: Messeterminpläne, Schulferien, Sonderformulare wie Reisekostenabrechnung oder ABC-Register. Was brauchen Sie davon? Was kostet extra?
- Das ZPB muss zu Ihnen passen. Für den einen ist ein repräsentativer Charakter seines ZPB sehr wichtig, der andere würde damit als Angeber auffallen.

Die Grafik auf der gegenüberstehenden Seite gibt Ihnen einen Überblick über die verschiedenen Formulare, die Zeitplanbücher enthalten können.

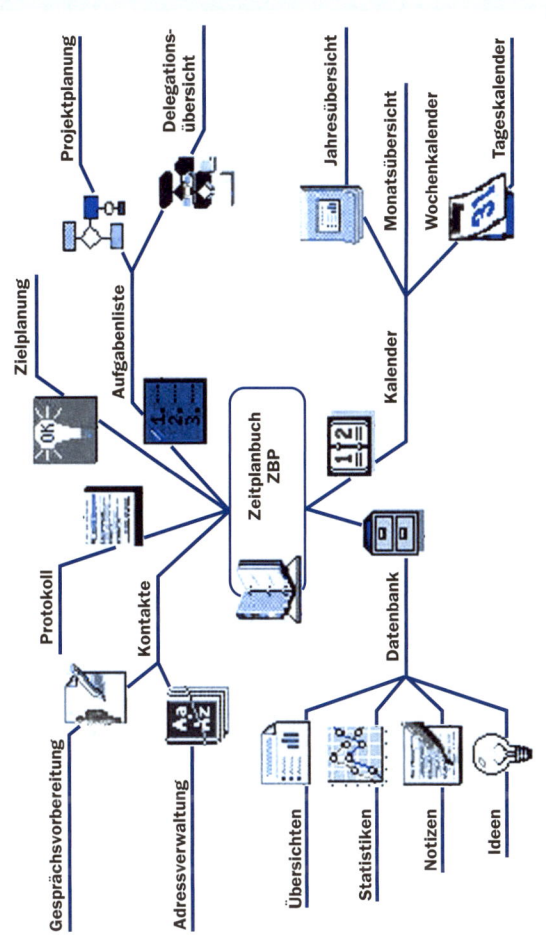

Die möglichen Formulare eines Zeitplanbuchs

9.4 PC- und Notebook-Systeme

Mit der Miniaturisierung von Hardwarebaugruppen und der raschen Entwicklung von Speichertechnik und -volumen werden Computer, Notebooks, Subnotebooks sehr leistungsfähig und vielseitig. Entsprechend wurde Software entwickelt, die vom einfachen Zeitplanungsprogramm für den Einzelplatz bis zur firmenweiten Komplettlösung reicht. Der große Vorteil dieser Systeme ist die gute Integration:

- der einzelnen Tools untereinander, z.B. zwischen Terminkalender, Aufgabenliste, Adress- und Datenverwaltung
- mit Kommunikationsmodulen wie E-Mail- und Internet-Zugriff
- mit Standardsoftware durch Verknüpfungen und Datenaustausch, z.B. Adressverwaltung und Textverarbeitung.

Effizientes Zeitmanagement wird durch diese Programme enorm unterstützt.

Die Abbildung auf der gegenüberliegenden Seite gibt einen Überblick über die Module bei PC-Systemen und PDAs. Diese Funktionsvielfalt bietet gleichzeitig einige große Gefahren:

- Schon mancher hat sich in der Handhabung und Bedienung verstrickt.
- Wer diese Instrumente nicht systemisch verwendet, nicht regelmäßig pflegt und sich auf das tatsächlich Erforderliche beschränkt, schafft sich riesige Informations- und Datenmengen in möglicherweise chaotischen Strukturen. Er verliert sich in Verwaltungsaufgaben und in Details des Zeitmanagements und der Arbeitsorganisation. Zeitfallen und Aufschieberitis sind Tür und Tor geöffnet.
- Der einfache E-Mail-Austausch führt in manchen Großunternehmen bereits dazu, dass Mitarbeiter durch die E-Mail-Bearbeitung von anderen Aufgaben massiv abgehalten werden.

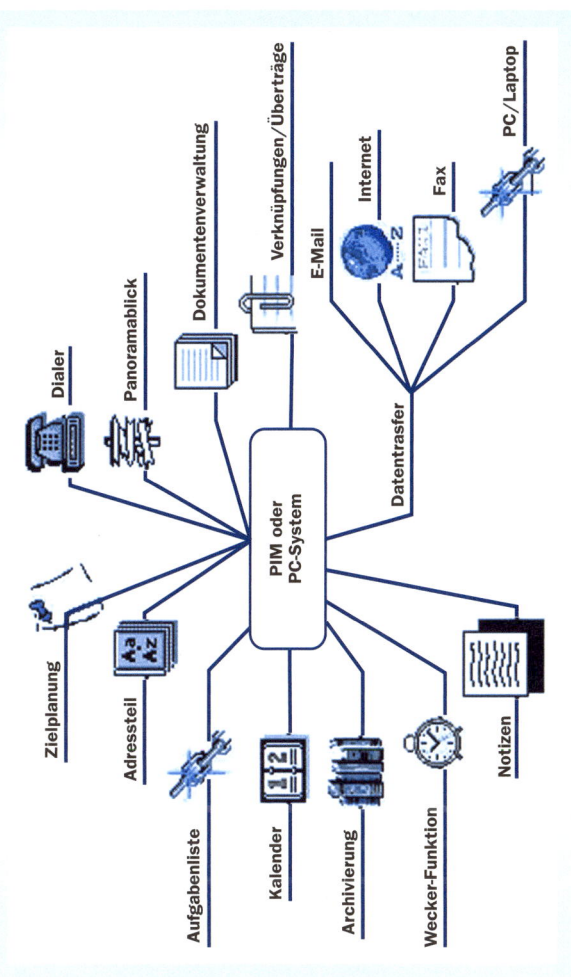

Die Vielfalt der Module bei PC-Systemen und PDAs

Vorteile	
Netzwerkzugriff und Intranet	Teamkalender, Vertretungsregelungen und öffentliche Ordner sind bei Firmenlösungen möglich.
	Zugriff und Verknüpfungen mit Dokumenten, die zu Aufgaben oder Terminen gehören.
Kommunikationsunterstützung	Bei guten Lösungen volle Unterstützungen der wichtigen Kommunikationskanäle E-Mail, Fax, Telefon und Internet
Integration der einzelnen Module	Im Vergleich mit ZPBs und PDAs hervorragend.
	Meist durch einfache Mausaktionen bedienbar. Im Kalenderteil mit unterschiedlichen Ansichten, Filtern, Gruppierung und Übersichten.
	Einzelne Systeme bilden den Workflow sehr gut ab.
Übersichten und unterschiedliche Darstellung	Im Vergleich mit ZPBs und PDAs hervorragend. Einzelne Programme können Raumbelegungspläne oder einfache Projektpläne darstellen.
Datenaustausch mit anderen Programmen	Z.B: Übernehmen einer E-Mail-Adresse in die Textverarbeitung.
Journal und Dokumentation	Manche Programme bieten automatische Aufzeichnung von Tätigkeiten, z.B. die Bearbeitung von Dokumenten oder des E-Mail-Verkehrs mit Kontaktpartnern, Datum und Uhrzeit.
Nachteile	
Stationäre Systeme (Ausnahme Notebook)	Rascher Zugriff auf Daten ist nur bei eingeschaltetem Computer und laufendem Zeitmanagement-Programm möglich – und das stationär.
	Dieser Umstand erfordert häufig ein Zweitsystem zum Desktop-PC für unterwegs.
	Papierausdrucke sind nur eine Notlösung. Die Verwendung eines PDA als mobilem Zweitsystem, i.d.R. mit einfacher Datensynchronisation, gleicht diesen Nachteil dagegen gut aus.
Einarbeitung	Manche Systeme erfordern lange Einarbeitungszeit und/oder eine entsprechende Schulung.
Besonderheiten	
Systematik	Die Systematik ist oft weder aus Sicht des Zeitmanagements noch von den technischen Möglichkeiten her so ausgereift, wie man es sich wünschen würde. Ein Beispiel: die umständliche Anpassung von MS Outlook an eigene Erfordernisse.
Druckformate	Bei Ausdrucken aus dem PC-System sind frei gestaltbare Druckformate wichtig, z.B. Wochenkalender mit To-do-Liste und Notizbereich.
	Auch das Papierformate spielen dann eine Rolle, z.B. die Formate gängiger Ringbücher oder ZPBs.
	Ggf. ist Etikettendruck aus dem Adressteil wichtig.

Die mobilen Alternativen: Subnotebook und Tablet-PC

Subnotebooks bieten ein breites Einsatzspektrum. Bei den kleinsten sitzen allerdings die Tasten sehr eng. Manche setzen abgespeckte Standardprogramme ein. Für den Vielreisenden sind sie eine sehr gute Alternative zum größeren Notebook oder zu einem PDA.

Tablet-PCs können mit Stift bedient werden. Handschrift wird als Grafik eingefügt oder als Text erkannt. Passende Zeitmanagementsoftware wird von FranklinCovey angeboten. Die Displays können gedreht und gekippt werden. Wie bei Subnotebooks sind Akkulaufzeiten sehr hoch.

Was muss ich bei der Auswahl noch beachten?

Nur der Einzelkämpfer hat freie Wahl des Systems. Für ihn kommen auch exotische Programme in Frage. Er kann nach den Kriterien frei wählen, die er tatsächlich braucht. Auf unnötige Funktionen und Programme mit komplizierter Handhabung kann er verzichten. Wer dagegen den Austausch mit Kollegen oder Teammitgliedern im Unternehmen braucht, muss auf Kompatibilität mit der Unternehmenssoftware achten.

9.5 Elektronische Organizer, PDAs und Smartphones

PDAs mit Telefonfunktion im Handyformat werden per Telefontastatur bedient. Die Displays sind meist recht klein: Das Schreiben ist umständlich, Formulare bieten nur wenig Platz und Übersichten sind kaum möglich.

„Quadratische" PDAs ohne Telefonfunktion und -tastatur: Ihre Displays sind wesentlich größer, entsprechend die verwendeten Formulare und Übersichten. Mit einem Stift wird auf eine virtuelle Tastatur getippt bzw. direkt im Display geschrieben. Letztere erkennen zum Teil handschriftliche Einträge. Für größere Dateneingaben sind auch sie wenig geeignet.

Smartphones im Querformat mit QWERTZ-Tastatur machen das Schreiben angenehmer, bieten mehr Platz und bessere

Übersicht. Zum Teil verfügen sie über einen Push-Dienst zum automatischen Mail- und Datenabgleich mit dem PC.

Vorteile	
Handhabung	Menüs und Funktionstasten sind sehr unterschiedlich. Dennoch sind wichtige Daten meist mit wenigen Bedienaktionen griffbereit.
Zeitmanagementfunktionen	Zeitmanagement-Tools sind integriert, genügen den Anforderungen des Zeitmanagements nicht immer.
Datenübertrag im Kalender	Datensynchronisation mit gängigen PC-Systemen ist bei den meisten möglich.
Kommunikationsunterstützung	Je nach Typ und Gerät sehr unterschiedlich, z. T. nur in Verbindung mit einem separaten Handy.
Datensynchronisation	Datensynchronisation mit gängigen PC-Systemen ist bei den meisten möglich. Smartphones mit Push-Dienst synchronisieren den E-Mail-Verkehr und Daten mit dem PC-Programm automatisch.
Nachteile	
Kleine Displays und Miniformulare	Die zum Teil zu kleinen Displays bei PDA/Handy-Lösungen mit entsprechenden Mini-Formularen verlangen knapp gefasste Einträge und sind entsprechend unübersichtlich.
Dateneingabe	Bei PDAs mit Telefontastatur werden wohl nur SMS-Freaks gerne Daten erfassen.
Besonderheiten	
Systematik	Bei manchen Geräten sind die einzelnen Funktionsbereiche nicht logisch aufeinander abgestimmt oder umständlich zu bedienen.
Eingabegeräte	Unterschiedliche Lösungen der Dateneingabe über QWERTZ-Tastatur, Telefontastatur mit Tipp- oder Schreibstift.

Was ist bei der Anschaffung weiter zu beachten?

◆ Achten Sie auf eine einfache Handhabung und rasche Eingabemöglichkeit nach kurzer Einarbeitungszeit.
◆ Wird ein PDA als einziges System verwendet, ist ein großes Farbdisplay wichtig. Nur dann ist zufriedenstellendes Zeitmanagement technisch möglich.

- Datensynchronisation zwischen PDA und PC-Programm ist ein Muss, wenn beides verwendet wird.
- Legen Sie Wert auf eine gute Bedienungsanleitung.
- Über die aktuellen Lösungen sollten Sie sich unbedingt in Fachzeitschriften und Internet, durch Vergleichstests und Erfahrungsberichte anderer Anwender informieren.

9.6 Sie brauchen ein neues System?

Vor der Beschaffung eines neuen Zeitplanungs-Tools empfehle ich Ihnen, eine Nutzwertanalyse wie in der folgenden Beispieltabelle zu erstellen. Wenn Sie sich nicht sicher sind, welches der drei grundsätzlichen Systeme für Sie das beste ist, dann können Sie zunächst ein Zeitplanbuch mit einem PC-Programm und einem PDA vergleichen. Anschließend vergleichen Sie dann mehrere Modelle des favorisierten Systems:

1. Sammeln Sie in der ersten Spalte alle Funktions- und Leistungsmerkmale aus diesem Kapitel, die für Ihre Entscheidung wichtig sind.
2. Legen Sie ein Punktsystem fest: Wie viele Punkte ist Ihnen das jeweilige Kriterium wert? Skalieren Sie z.B. von 0 bis 6, wobei 6 die beste Punktzahl wäre.
   Sofern der Preis ein Kriterium ist, muss der günstige Preis die Höchstpunktzahl bekommen und nicht der teuerste!
3. Vergleichen Sie dann mindestens drei verschiedene Modelle miteinander.
4. Ermitteln Sie die Gesamtpunktzahl eines jeden Modells.

Funktion oder Merkmal	Mgl. Punkte	System 1	System 2	System 3
mehrere Kalenderformate	5	4	2	3
Handlichkeit	4	2	4	2
Preis	6	2	5	3
usw.				
Gesamtpunktzahl	maximal 30	24	18	20

Letztendlich wird v.a. bei elektronischen Systemen eine Menge anderer Kriterien und das „Look and Feel" Ihre Entscheidung maßgeblich beeinflussen.

10 Mind-Mapping
Wie Rechtshirnis planen können

Nach dem Erscheinen der ersten Auflage dieses Buches erhielt ich eine Rückmeldung: „Weißt du, linkshirnig kann ich nicht planen."

Linkshirnig denken bedeutet: logisch und Schritt für Schritt denken, Zahlen, Daten, Fakten schätzen und Text und Tabellen einsetzen. All das, was Zeitmanagement im klassischen Sinne ausmacht. Rechtshirnig Denkende dagegen bevorzugen Bilder, Vergleiche, sehen tausend Bezüge, aber vielleicht nicht den roten Faden. Feste Termine scheinen ihnen ein Gräuel zu sein. Sie gelten als Zeitchaoten.

Diese Rückmeldung hat mir seither keine Ruhe gelassen, so dass ich nach Möglichkeiten suchte, rechtshirnig Denkende für Zeitplanung zu gewinnen und geeignete Formen zu entwickeln. Besonders geeignet für Rechtshirnis – und solche, die ein bisschen rechtshirniger werden wollen – ist Mind-Mapping. Mind-Mapping ist eine bestimmte Form des visuell unterstützten Denkens.

Schauen Sie sich bitte die folgende Mind-Map an, dann brauche ich Ihnen das alles nicht linkshirnig, in Textform, zu erklären:

Da Frau Planemann Chefbuchhalterin ist (vgl. S. 13), kann sie sicher hervorragend linkshirnig denken. Mit dem Tagesplan als Teil ihrer Wochenplanung sowie einer Liste ihrer Lebensrollen berücksichtigt sie wesentliche Anforderungen modernen Zeitmanagements, fördert aber mit dem Mind-Mappen die Integration ihrer rechten Gehirnhälfte.

Vorteile des Mind-Mapping sind:

- ◆ Mind-Maps sind übersichtlich: Alles Wichtige kann auf einer einzigen Seite dargestellt werden. Farben und Symbole bilden Gruppen oder Statusmeldungen, Pfeile schaffen Querbezüge.
- ◆ Beim Mind-Mappen arbeiten linke und rechte Gehirnhälfte hervorragend zusammen. Die linke liefert Zahlen, Daten, Fakten und die Logik – die rechte geht „im Umland der

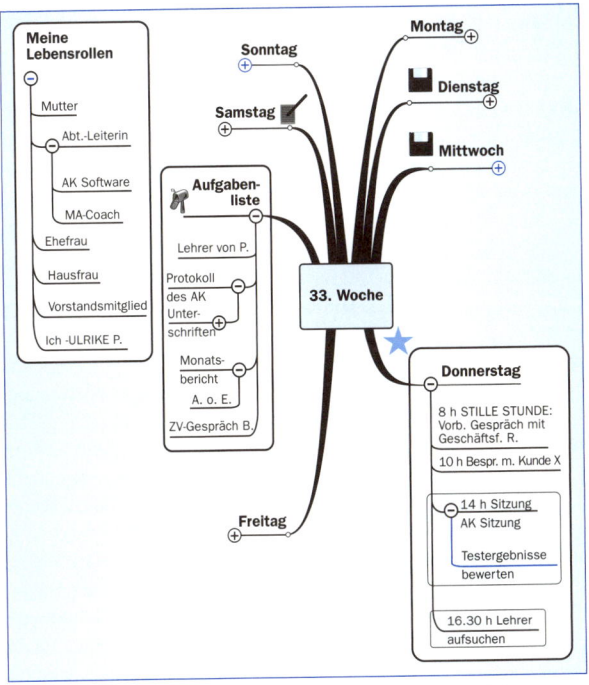

Mind-Mapping – ein Beitrag zu einer „fünften Generation" des Zeitmanagements?

Termine" spazieren, entdeckt dabei Hindernisse und Chancen und liefert ganz neue Ideen.

◆ Mind-Maps können von Hand erstellt werden, mit viel Muße, aber wenn erforderlich, auch blitzschnell. Einfache PC-Programme zum Mappen gibt es im Internet gratis. Professionelle Programme wie der Mind Manager von Mindjet erlauben das Verknüpfen von Maps untereinander (z.B. eine Monats-Map mit obiger Wochen-Map), aber auch zum Projektmanagement oder zu Dokumenten, die für die Erle-

digung der einzelnen Aufgaben gebraucht werden. Unterzweige oder Textnotizen können einfach ein- oder ausgeblendet werden.
- ◆ Mind-Maps sind besonders gehirngerecht. Sich zu merken, dass am Donnerstag fünf feste Termine geplant sind, fällt leichter als bei einem textbasierten Formular.
- ◆ Mind-Maps eignen sich hervorragend für Teamsitzungen, zum Planen kleiner Projekte, für Checklisten und zum Strukturieren und Präsentieren von Ideen und Konzepten.

Natürlich sind beim Mindmappen nicht alle Raffinessen feinen Zeitmanagements praktizierbar. Natürlich gibt es auch Nachteile:

- ◆ Wie soll aussagekräftig die Dauer eines Vorgangs optisch dargestellt werden? Wie können Pufferzeiten visualisiert werden?
- ◆ Enthält eine Map oder ein Hauptzweig zu viele Einträge oder Unterzweige, werden dazu noch Kommentare und Textnotizen ergänzt, dann wirkt auch eine Map unübersichtlich.
- ◆ Mapping am PC kann zu einem Zeitfresser ausarten. Selbst nach gutem Training gelingt eine bestimmte Darstellung nicht immer wie gewünscht. Beim Mappen von Hand verliert sich mancher im Ausmalen seiner Map.

Mind-Mapping ermöglicht gehirngerechtes Zeitmanagement. Überladene Maps verlieren allerdings die tolle Übersichtlichkeit. Dann sollten Maps miteinander verknüpft werden, so dass ganze „Planungslandschaften" entstehen können.

Was wollen Sie jetzt tun?

Mit dem Erlernen eines persönlich erfolgreichen Zeitmanagements ist es nicht anders, als wenn Sie einen Grundlagenkurs PC-Wissen absolvieren: Nur die Übung macht den Meister. Bleiben Sie einige Wochen lang dran. Probieren Sie das für Sie Interessanteste aus, variieren Sie und integrieren Sie Neues in Ihre Arbeitsgewohnheiten.

- Wenn Sie, wie auf Seite 9 empfohlen, Ihre persönlichen Fragen, Ideen und Lösungsansätze notiert haben, dann können Sie nun das Wichtigste daraus angehen.
- Haben Sie dagegen dieses Buch nur rasch oder punktuell gelesen, dann sollten Sie jetzt das Wichtigste herauspicken, z.B. in dem Sie nur Überschriften und hervorgehobene Zeilen nochmals lesen.
- Erstellen Sie dann Ihr Lern- und Arbeitsprogramm wie in der folgenden Tabelle dargestellt.

Meine Maßnahmenliste					
Problemzone	Lösungsansatz	1. Woche	2. Woche	3. Woche	Bewertung
Aufschieberitis	Den 1. Schritt sofort tun!	klappt manchmal ganz gut	...	wird zur Gewohnheit	Mache ich jetzt immer, brauche aber noch andere Tricks ..

- Konzentrieren Sie sich einige Wochen lang auf zwei oder drei Lösungsansätze. Jede Maßnahme kostet Sie nur einige Minuten täglich. Manche Verbesserungen sind sofort spürbar. Bei anderen Veränderungen werden Sie nach drei Wochen echte Fortschritte erkennen. Danach können Sie weitere Problemzonen in Angriff nehmen.

Vielleicht werden Sie einige Wochen später die Erfahrung machen, dass Sie an ein bestimmtes Problem gar nicht mehr gedacht haben und dass es sich mittlerweile wie von selbst gelöst hat.
Praktische Veränderungen im Alltag wirken meist lokal und direkt. Veränderungen in den Erwartungen an Leben und Arbeit können dagegen nachhaltig auf Ihr ganzes Zeitmanagement Wirkung ausstrahlen.

Auf diesem Weg wünsche ich Ihnen viel Erfolg!

Literatur und Medienempfehlungen

Covey, Stephen: Die sieben Wege zur Effektivität. Ein Konzept zur Meisterung Ihres beruflichen und privaten Lebens. München 2000.

Hamm, Wolfgang; Brandhaff, Hans D.: „...endlich Zeit". Das 7-Tage-Programm zum Zeitwohlstand. Paderborn 2000. Erschienen als elektronisches Buch. Download über www.activebooks.de

Hanisch, Christian: Endlich weg mit dem Stress. Paderborn 2000. Erschienen als elektronisches Buch. Download über www.activebooks.de

Hütter, Heinz: Texte zum Zeitmanagement und Online-Formulare auf der CD-ROM: Der Werkzeugkasten – interaktiv, Traintool consult (Hg.). Ottobrunn 2002

Hütter, Heinz: www.selbstzeitmanagement.de – Weblog des Autors zum Selbstmanagement in schnellen Zeiten.

Klein, Stefan: Zeit. Der Stoff, aus dem das Leben ist. Frankfurt am Main 2006

Rossi, Ernest: Die 20-Minuten-Pause. Paderborn 1993.

Roth, Werner, u. a.: Zeitmanagement- Methoden auf dem Prüfstand. Management mit Zeitplanbuch, PC und PDA. Springe 1996 (leider seither nicht mehr überarbeitet)

Schröder, Jörg-Peter; Blank, Reiner: Stressmanagement. Berlin 2008

Watzke-Otte, Susanne: Selbstmanagement. Berlin 2008

Stichwortverzeichnis

Abbrecheritis 42
ABC-Analyse 28
Angst vor Planung 61, 91
AQLPEN-Methode 110
Arbeitsbedingungen 20
Arbeitsmethode, zyklische 58
Arbeitssituation 22
Arbeitstage, chaotische 111
Aufgabenliste 9, 93, 102, 106
Aufgabenorganisation 108
Aufschiebertis 39

Balance 16, 47
Burnout 51, 57

Chaotische Arbeitstage 111

Dauerstress 51, 75
Delegieren 29, 37, 69, 72
Denken, positives 51
Disstress 47
Dringlichkeit 27, 73

Effektivität 26
Effizienz 26
Eisenhower-Prinzip 69
Erfolg 8, 70, 89
Erfolgskontrolle 68, 90, 109
Eustress 47

Flexibilität 104

Gelassenheit 50

Handeln, proaktives 16, 71

Informationseingang 97
Informations-Selektion 99
Innere Uhr 53

Kalender 93, 96, 102, 106

Langsamkeit 113
Lebensrolle 11, 71
Lösungskreis 59, 86
Lotus Organizer 93

Managementzirkel s. Lösungskreis
Maßnahmenplan 86, 88
Mentale Vorbereitung 109
Mind-Mapping 9, 128
MS Outlook 93

Nachbereitung 109
Nein-Sagen 34
Notizblock 99

Organizer 107, 115, 125

Papierkorb 72, 101
Pareto-Prinzip 44
„Partyzeiten" 52
Pausen 52
PC und Zeitmanagement 93, 99, 107, 115, 122
PDA s. Organizer
Perfektionismus 43
Planeritis 91
Positives Denken 51
Postkorb 99

Prioritäten 28
Proaktives Handeln 16, 71
Problemlösungskreis
  s. Lösungskreis
Pufferzeiten 52, 96, 104

Quadrant II 72, 97, 102
Qualität 90, 112

Rationalisieren 39, 72
Rhythmus, ultradianer 56
Risiken 73, 110
Risikomanagement 72

Sägezahneffekt 55
Selbstmanagement 10
Smartphone 125
Standardisieren 38
Stille Stunde 55
Störungen 33
Stress 45, 113
Stressbewältigung 16
Stressfalle 47
Stunde, stille 55
Subnotebook 125

Tablet-PC 125
Tagesleistungskurve 54
Tagesplan 93, 96
Tätigkeitsarten 30
Terminieren 29
Timer 115, 119
To-do-Liste, s.a. Aufgabenliste

Überblick 92, 96

Uhr, innere 53
Ultradianer Rhythmus 56
Unterbrecheritis 42

Verpflichtungen 34
Vierte Generation (des Zeitmanagements) 68
Visionen 73, 78
Vorbereitung, mentale 109

Wichtigkeit 73
Wochenkalender 96
Wochenplan 93, 96
Workaholismus 57
Wünsche 79

Zeitdiebe 34
Zeiteinteilung 108
Zeitfallen 32
Zeitgewinn 17, 68
Zeitkrankheiten 19
Zeitmanagement 68
Zeitplanbuch 115, 119
Zeitrhythmus 58, 93
Zeitverwendung 30
Zeitwahrnehmung 11, 14
Ziele 16, 73, 78
Zielformulierung 80
Zielhierarchie 82
Zielinventar 85
Zielkonflikt 82
Zielkontrolle 89
Zielrealisierung 87
Zielvorstellungen 78
Zyklische Arbeitsmethode 58

Denken Sie daran:

Wissen ist Macht!

Wir ertrinken in Informationen,

trotzdem dürsten wir nach Wissen.

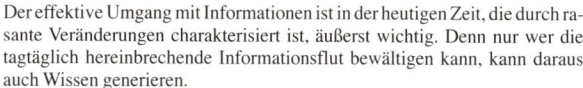

Der effektive Umgang mit Informationen ist in der heutigen Zeit, die durch rasante Veränderungen charakterisiert ist, äußerst wichtig. Denn nur wer die tagtäglich hereinbrechende Informationsflut bewältigen kann, kann daraus auch Wissen generieren.

Durch die Bücher und Seminare der MoreOFFICE® GmbH können Sie lernen, wie Sie in der Informationsflut nicht ertrinken, sondern für Sie wertvolle von überflüssigen Informationen unterscheiden können. Denn ohne diese Fähigkeiten können wir die Masse an Informationen nicht mehr bewältigen. Wir verstehen uns als Dienstleister, der Sie rund ums Büro fit macht. Wir bieten eine Vielzahl von Seminaren an, durch die Sie Ihr Informationsmanagement effektiver gestalten können. Sollten Sie dazu noch weitere Informationen wünschen, schauen Sie bitte auf www.moreoffice.de.

„Mensch und Informationstechnologie Hand in Hand"

Büroeffizienz und Mitarbeiterförderung gehen Hand in Hand. Das ist der Leitfaden für die Schulungs- und Wissensvermittlungskonzepte der MoreOFFICE® GmbH. Dabei geht es zum einen um Produktivitätssteigerung mit Hilfe technischer Tools, zum anderen durch Schulung und Förderung der Mitarbeiterkompetenzen.

Das Team der MoreOFFICE® GmbH besitzt 20 Jahre Erfahrung im Bereich der Personalentwicklung und der Weiterqualifizierung. Diese Erfahrung macht es uns möglich, für Sie und Ihr Unternehmen individuelle Trainingskonzepte zu entwickeln und mit Hilfe unseres Trainernetzwerkes umzusetzen.

MoreOFFICE® GmbH
Poststr. 7a
82152 Planegg
Tel.: 089 – 895 20 690
Fax: 089 – 895 20 699
www.moreoffice.de
mailto:degener@moreoffice.de

Konzertant

Schwierige Verhandlungssituationen souverän meistern – darum geht es in diesem Hörbuch. Erläutert wird, wie man Verhandlungstaktiken erfolgreich einsetzt und wie es gelingt, Gesprächspartner richtig einzuschätzen. Argumentative und kommunikative Fähigkeiten werden beispielhaft vermittelt.

Astrid Heeper,
Michael Schmidt
Verhandlungstechniken
Audio-CD, 70 min
ISBN 978-**3-589-24106-4**

Weitere Informationen zu POCKET BUSINESS sowie zu POCKET RECHT erhalten Sie im Buchhandel oder unter www.cornelsen.de/berufskompetenz

Cornelsen Verlag
14328 Berlin
www.cornelsen.de